安全理念与安全发展

仝茂义◎著

中国工人出版社

目录

Contents

理念引领安全新发展

安全！安全！众人常常挂嘴边。既"安"又"全"，是每个人的追求，但有时却事与愿违，当事故袭来常常令人痛惜、惋惜，以至于震动、震惊。

安全第一！几乎所有单位在文件上写的、会议上讲的、墙上贴的，都明白、醒目地突出安全第一。但在实际工作中，依然会出现不重视安全的现象，安全或让位于利益或让位于效益，甚至会让位于速度，当事故发生时，又只好被迫痛定思痛、痛心疾首、痛改前非。

事故总是隐藏在漏洞、隐患和薄弱环节之中，在人们放松警惕、麻痹松懈时突然出现，无情地吞噬着无辜的人及设备、财产，造成意想不到甚至难以弥补的后果。

实际上，我们每时每刻都在生产产品，也每时每刻都在"生产"着保证安全的好做法、好对策，这些都需要记载下来、汇聚起来、提炼出来。由于安全生产问题是个大范围、大题目、大内容，要想在系统性、深刻性、针对性、实用性等方面总结出东西来，需要下决心、用功夫、花气力。

大量的事实证明，即便是安全工作做得好的单位，还是会有事故发生，这些可以从安全理念上追根溯源。因此，从安全理念入手，抓安全、保安全，无疑是一种正确的思路和工作切入点。

人的行动是受大脑支配的，而正确的思想与理念是安全之魂，是保证安全的根本和前提。无论是连续、分散、流动地从事生产活动的一线生产人员还是其他安全生产人员和管理人员，都需要进行系统的、深入的、有效的安全理念的学习和认识，而不是一知半解、一成不变、一劳永逸。实践是最好的老师。各生产单位和广大生产人员都有很多保证安全生产的好做法、好经验，但并没有在更大范围内去传播。在这种情况下，作者把自己收集到的关于安全理念的知识和资料进行理性地再思考、再提炼、再加工，并且用大量古今中外的事例，尤其是当今安全生产中的事例说明问题，寓"理、例、行"为一体，分享给从事安全生产的工友，在认同中借鉴、在借鉴中提升，在批评指正中改进，无疑会加深对安全理念的再认识、再升华，无疑会对安全生产活动起到促进作用。

为了更贴近生产一线人员，本书列举了大量事例，以便读者理解、记忆和学习借鉴。其中大量的好做法都是生产一线人员自己创造的，在一定意义上看，没有他们的实践和创造，就没有本书的形成。同时，作者在写作的过程中和形成初稿后，也多次和从事安全生产的一线人员，以及有多年安全管理经验的管理人员进行探讨，力求更具准确性和实用性。借此机会，向他们表示崇高的敬意和真挚的感谢。

《安全理念与安全发展》一书中如果能有一个章节、一个案例、一个故事、一个观点，甚至一段话启发到你，并能用安全理念指导自己的行动，减少了事故的发生，作者将深感欣慰，那可以说是做了一件功德无量的事。

白茂文

2020 年 6 月

第一章　安全理念再认识

一位长期在生产一线工作的员工，说起理念来，很直率地说："我就是做工的、干活的，完成好本职工作就行了，用不着讲什么理念。"他这样说不是没有道理，他按照这样的想法，安全地干好了自己的工作。人是有思想的，思想支配行动。在清醒、正确的思想指导下，必然是正确的行动；而模糊、不正确的思想必然带来的是工作的失误或者错误。那些不善言谈、善于实干，并且也保证了安全的员工，并非随意之人，而是头脑清醒，心中有本安全经，他们形成了一种念头、念想或者规则，也就是安全理念，用于约束、规范、指导自己的行动。由此看来，安全生产人员从深刻认识安全理念做起，将对安全工作大有裨益。

一、从说文解字话安全

要认识安全理念，先要搞清何为安全。有这样一个故事：在一艘小船上，几个年轻人自觉满腹经纶，对划船的船夫有些瞧不起，就问船夫是否懂得什么是哲学、经济、相对论。船夫一头雾水，连连摇头。年轻人纷纷叹息：那你已经失去了一半的生命。话刚说完，一个大浪打来，小船被掀翻，船夫问："你们会不会游泳？"年轻人说不会。船夫无奈地叹气说："那你们就失去了全部的生命。"一个简单的故事却生动形象地道出了安全的重要性。对于一个国家，安全体现着强大、繁荣和安定；对于一个企业，安全体现着发展、效益和社会责任；对于一个家庭，安全体现着和睦、美满和幸福；对于一个人，安全体现着生命和健康。

安全作为企业的头等大事，可谓老生常谈，但发生的种种无比痛心的事故，让我们又不得不再谈、深谈；作为安全工作的首要问题，安全理念也是众所周知，但思想观念上的模糊让我们又很有必要再说、深说。中国五千年的灿烂文化，汉字的形成早已向我们阐述了其中的含义。

"安"字，上下结构，上"宀"下"女"。"宀"本指房屋，引申义指后院、后方。"女"指妇孺、家眷。"宀"与"女"结合起来表示"家属有住所"。本义：家属有稳定住处（不必跟随男人们流浪），指家中女性带来的宽松舒心。引申义：后院平静，后方稳定。《说文解字》曰：静也，从女，在宀下。

"全"字，上下结构，上"人"下"王"，人中之王为"全"。《说文解字》曰：全，完也。无危为安，无损为全。安全就是使人的身心健康免受外界因素影响的状态。

只有在安全生产的工作中做到毫发无损，用行动完美诠释"安全"的定义，才是人中王，安全之舟才不会颠覆。

我们从汉字的结构中感受到汉字内含中华民族的精神遗存，充满先人的生活智慧，开启未来生活的道路。汉字形象的意蕴，直观的启迪，不仅创造了我们独特的生活磁场，而且营造了我们富有的精神家园，对"安全"二字的理解也在不断深入。

一位来自生产一线的员工结合亲身实践，从汉字的结构和寓意，对"安全"两字提出了进一步的解析。他认为，安全的"安"字下面是个"女"字，因此，要想安全，首先要有女人一般的细心；同时安全的"全"字下面是"王"字，要想安全还要有一个王者的威严。他的这一联系和引申，生动深刻地道出了搞好安全工作的本质，使我们恍然大悟，同时受到了激励和启迪。

按照这个新解析来看，保证安全必须做到两个方面：

第一，必须有如女人一般的细心。一般来说，柔弱、细心是女人的天性，女人具有谨小慎微、细致入微的优点。只有心细如发，才能把安全的重点、难点、疑点、危险点想在前，才能把隐患及时揪出来、排除掉，才能创造"没有消除不了的隐患，没有避免不了的事故"的安全局面。

第二，必须有一个王者的威严。王乃古代最高的地位，具有至高无上的权力，享有最高的权威。对待安全工作，要有规章制度绝对不能触犯的原则的态度。纵观各种安全事故的背后，都有一个共性的问题，就是管理人员和一线人员对安全生产重视不够，没有意识到安全为王的重要性。如果安全生产受到真正的重视，各种措施到位，各项工作做到万无一失，安全生产的目标就可以实现。

二、何为安全理念

《辞海》对"理念"一词的解释有两条，一是看法、思想，思维活动的结果。二是观念，通常指思想，有时亦指表象或客观事物在人脑里留下的概括的形象。顾名思义，理念即理性的观念或想法。

安全生产活动中的安全理念，也叫安全价值观，是在安全方面衡量对与错，好与坏的最基本的规范和思想。其核心就是关爱生命、安全发展。

安全生产理念，是众多血的教训、众多安全问题的深度反省和总结；是国家利益、企业利益和广大员工及家庭共同利益的迫切要求和集中体现；是把握企业安全发展规律性的思想观念和指导方针。

发展理念是发展行动的先导，是管全局、管根本、管方向、管长远的东西。

安全理念也是如此。安全理念是安全行动的先导，倡导与灌输安全理念，是引导员工树立正确的安全价值观念，掌握衡量岗位行为对与错，好与坏的基石，为进一步做好安全生产工作，提供根本遵循，注入思想动力。

三、理念的实践性

理念源于实践，实践升华理念。

从领导层面来看，安全生产理念是企业在持续经营和长期发展过程中，继承优良传统，适应安全发展、科学发展的需要，由企业家或领导集团积极倡导，全体员工自觉实践、精练、升华形成的团体精神和行为规范。

从基层单位来看，求真务实、善于趋利避害的安全生产人员，在安全生产实践中，推进天理、道理、人理、事理、心理对安全生产有效引导、正确激励，并及时对安全生产中的经验和教训进行高度概括总结，形成了响亮、警醒、提示、易记、好用的安全生产理念。

一些企业在安全理念的形成中，注重对企业安全管理的思路、方法、成绩、问题、经验、教训进行深刻分析，挖掘优秀安全文化传统，揭示员工不安全行为的深层根源，从而形成安全生产、安全发展的理念，用以避免盲目性、随意性，强化统一性、规范性。

某单位从早先的"安全第一，生命至上"的安全文化核心理念发展到现在的"我的安全我负责，企业安全我有责"，核心理念的表述发生了变化。其中"以人为本"的观念得到了强化。这一核心理念的实施，需要"零违章、零隐患、零事故"的明确目标来保障。"安全第一，预防为主；以人为本，关爱生命；责任到位，监管有力；综合治理，持续改进"这一安全生产准则，则成为确保"三零"目标的重要法宝。

某单位从自己的实际出发，确立了"无违章、无隐患、无事故"的安全责任理念；"安全第一贵在坚持，安全管理贵在到位，安全责任贵在落实"的安全管理理念；"安全是政治，安全是生命，安全是效益，安全是形象，安全是幸福"的安全理念体系。

一位多年在生产一线工作的工人师傅，对此有着更直接、更实在、更深刻的认识。他说，我们见到的、听到的很多事故，既给企业造成了巨大的经济损失，也给社会造成了巨大的不良后果，更给个人和家庭留下了永远无法弥补的伤痛。他认为，安全就是生命，安全就是幸福，安全就是效益。做好安全工作，对个人而言是生命的平安，对企业则是财产的保全。财产可以通过努力再获得，人的生命却是唯一的。作为一线员工，既是安全生产的第一执行者，也是安全的第一受益者。只有真正明白了这些道理，只有在工作中一丝不苟地树立安全理念，才能确保安全。

四、理念的层次性

对于大型企业来说，理念一般分为集团公司层面、生产厂企层面和车间、员工层面。对于中小企业来说，理念一般分为生产厂企层面和车间、员工层面。车间、员工层面的理念是上级单位理念的具体化。集团公司层面的理念突出全局性、统御性、重要性，生产厂企层面的理念突出传承性、特殊性、必要性，车间、员工层面的理念突出震撼性、警示性、操作性。

一般来说，企业安全理念具有三个特点：一是传承性，是指在企业安全生产中始终坚守的理念。二是普适性，指理念能适用于整个企业的不同单位。三是实用性，指理念的表述具有本企业烙印和广告效应以及视觉冲击效果，简洁、通俗、实用，能引起员工共鸣。

某单位提出"生命至尊、安全至尊"的理念，大力营造一级对一级负责，层层承担责任义务，人人履行安全职责的浓厚氛围。同时在基层叫响"让安全融入您生命中的每一天"的具体理念，通过现场安全警示标语、安全提醒一句话、"零违章、零事故、零伤害"等活动，达到了内化于心、外化于行的显著效果。

一些成语也浓缩了安全理念的精华。"防微杜渐"的安全理念源于《元史·张桢传》："有不尽者，亦宜防微杜渐，而禁于未然。"从微小之事抓起，重视事物苗头，使事故和灾祸一冒头就及时被禁止，把损失降至最低。其他如居安思危、有备无患、未雨绸缪等，都可以说是古人在安全文化理念上的建树。

一些企业在培育安全文化理念、筑牢安全发展根基过程中，确立"以人为本抓安全"的人本观，"一切事故都是可以控制和避免的"预防观，"安全源于责任心、源于设计、源于质量、源于防范"的责任观，"安全是最大的节约、事故是最大的浪费"的价值观，"一人安全，全家幸福"的亲情观，把居安思危、防微杜渐变成企业具体的、可操作的安全理念，促使企业安全管理工作由粗放型向集约型转化，使"事故处理、事后防范"向"本质安全、超前预防"过渡。

为了让安全理念深植员工心中，某单位形成了主导安全理念、安全理念释义、安全行为倡导、本质型安全人标准、区队安全信条、班组安全格言、岗位安全名言、管理者安全承诺等八个方面组成的安全理念表述体系，并通过班前会理念诵读、班前会安全宣誓、打造宣传阵地等多种载体，让理念入脑、入心、入行。

五、理念的指导性

理念不是束之高阁的口号，而是装在心头的指令，要经常念叨，坚持做到。

1. 安全理念是调节安全心理的依据和动力

心理学是在一百多年的社会实践中，经过不断积累，形成的关于人的学问，关于生活和社会的科学与技巧。安全理念可以说是安全心理活动的一部分，或者说是安全心理活动的源泉、依据和前提，"理"明了，"理"

正了，"理"到了，心理活动就有了动力、依据和方向。

虽然有了正确的安全理念不等于就有了正确的安全心理活动方法，但离开了正确的安全理念的指导和规范，正确的安全心理方法就成了无本之木、无源之水。因此，树立正确的安全理念，是养成良好的安全心理的重要前提。安全生产人员必须首先从认识、学习和掌握安全理念入手，从源头上、根本上、框架上引导和保证安全心理活动的健康发展。同时运用好心理学，又可以使理念变为融入生产实践活动全过程的强力保证。

2. 安全理念是安全工作的灵魂与先导

某企业在举行"安全生产月"活动期间，一位安全标兵险些发生人身伤亡事故。某单位车辆"安全运输竞赛月"活动刚开始，一辆安全红旗标兵运输车却出了交通事故。安全是企业的生命线，我们天天讲、人人讲，然而工作中不安全的事故仍有发生。原因在哪里？不是我们的工作不细，也不是我们的制度不全，而是对安全的客观性认识不足，尤其是我们的整套安全理念有待改观。

科学的安全理念，是指导安全工作的灵魂，缺乏正确的理念，安全工作犹如一盘散沙。所谓的安全记录也只是相对的、一时的。某企业把安全理念当作安全管理的先导，从做好安全工作必须有一个好的安全理念入手，并注重与企业实际相结合，注重在管理层形成共识，注重渗透到员工的心灵之中，能被员工所拥有、所掌握，并变成自己的行动，有力地促进了安全工作。理念如果只停留在领导层，而不深植于职工之中，那么，这种理念就只能是"老板理念"，只能是闭门造车。其结果只能是"写在纸上、挂在墙上、掉在地上"，作用不大。

某抽水蓄能电站，非常重视理念的作用，经过大量深入细致的工作，将安全理念从抽象的口号转化为每一位员工心中的安全细节行动指南。用他们自己的话来说，就是"管理好水电站，最重要的是理念"。经过多年实践和提炼，形成了一系列针对性强、引导力大的安全理念，使企业安全工作健康发展。

3. 安全理念是员工心头的安全指令和安全信条

某公司始终倡导的安全理念是："安全是1，其他工作是0，如果没有安全工作这个1，其他工作都将失去意义；安全工作是个圆，只有起点，没有终点；基础不牢，地动山摇"，该公司狠抓基础、基层、基本功，内化全员的思想，外化全员的行动，把安全理念变为员工心头的安全指令和安全信条，实现了安全发展、健康发展、可持续发展。

某公司倡导指令性的"一想二看三工作"理念，"一想"即开工前反复琢磨工作内容，思考作业危险点和人员配置等问题；"二看"即作业人员开工前认真观察现场安全措施是否设置可靠、有效；"三工作"即工作前思考工作内容、风险点管控措施、注意事项等再开始工作。该公司通过细化作业过程，强化理念指导和管控作用，收到很好的效果。

作为一种清洁、安全、高效的能源，核电正日益被了解和接受。然而，在日本福岛核事故发生之后，核安全问题又一次引起公众的高度关注。某核电站大力倡导"人人都是一道安全屏障"的安全理念，既是作为全体员工对国家、对人民作出的庄严承诺，也是大家的具体行动。他们严守的具体原则和安全信条突出以下几点：一是保守决策，任何人在处理安全与质量问题时，都要留有足够的余地，决不能触及底线。二是严格自检，运行人员在每次执行操作指令时，都要进行一停、二思、三行、四审。一停即开始操作前停顿一下；二思即明白想要做什么；三行即按计划执行工作；四审即核实结果是否与期望一致。三是关口前移，坚持把"我的岗位是核电站的最后一道防线，在安全上决不能有侥幸心理"作为信条；将"所有规程、规范、操作步骤，都要执法如山，中规中矩"作为纪律；把"对工作有疑问或不确定时，暂停手中工作，立即向上报告"作为习惯。四是经验反馈，所有涉及安全的经验教训都要及时发布，即使出现错误也要公开讲出来，形成经验反馈到各个部门。五是核无小事，进入厂区的员工，每人手里都持有一张卡片，如果发现安全上有不符合项，不管大事、小事、疑事，都会记录下来向有关部门反映。全体员工始终保持安全高效的状态，形成了坚固的安全防线，用事实证明中国自行设计、建造、运行、管理的核电站是安全可靠的。

4. 安全理念是安全工作的出发点和总开关

理念引领行为，行为诠释理念，安全工作从理念出发，健康发展。一些长期保证安全的单位和个人，就是因为把"安全第一、生产第二""生命只有一次，遵章守规是保护神"的理念当作行为的总开关，作为员工在各个工作环节的最高行为准则，从而产生强烈的目标感和实现欲，发自内心地搞好安全生产。

某煤矿在一次安全检查时发现存在水、火、瓦斯等安全隐患。矿里有位班组长每天都要同不安全因素零距离接触，在稍有不慎就有可能发生事故的情况下，他却带领全班保持安全生产5000多天。该班组长把"无视安全生产就是犯罪""坚决把住工友的生命安全之门"作为自己承担的誓言和肩负的责任，在班组牢固树立"我的岗位无违章，我的班组无事故，我的身边无隐患"的安全理念。他的主要特色之一就是狠抓理念的学习运用，通过案例警示、讲安全哲理故事、班组讲评等方式让大家深入理解安全理念，采用"四步潜移默化法"让安全理念成为个人生产行为的总开关，分为"四步走"。

第一步，要求工友上班前想一想安全理念，在脑子里加深烙印。第二步，组织工友在班前会上高声背诵安全理念，强化意识，进入状态。第三步，帮助工友在工作中具体践行安全理念，让安全理念支配操作行为。第四步，提醒工友下班后回家睡觉前，回想一下安全理念在工作中的落实情况，让安全理念贯穿于安全生产的全过程。这样一来，理念可以完全融入、渗透安全活动中。

对于很多企业，没有安全就没有一切，失去安全就失去一切。为了从全局和总体上更全面、更深刻、更自觉地把握安全理念，为了使广大生产一线员工更好地运用安全理念，变要我安全为我要安全，下面分别从五个方面进一步学习、探讨：思想认识上，安全生产高于一切、重于一切；工作程序上，安全生产先于一切、早于一切；组织实施上，安全生产严于一切、实于一切；具体操作上，安全生产细于一切、融于一切；总体调控上，安全生产硬于一切、强于一切。

第二章　思想认识上，
安全生产高于一切、重于一切

安全生产高于一切、重于一切，是"天"字号工程。很多从事安全生产的人形象地表述：安全生产高于天、重于山。《说文解字》对"天"的解释："天，颠也。""颠"其实就是头，"至高无上，从一大"。如果把安全生产当作天大的事、压倒一切和影响一切的事，充分认识安全生产的极端重要性和紧迫性，做好安全生产工作就有了动力和源泉。

一、最"狠"的安全标语带来的神经刺激

"亲爱的工友们，在外打工，注意安全，一旦发生事故：父母无人赡养，妻子无人照顾，孩子无人教育。打工安全，为你自己。"这段标语口号曾被热传，并被网友称为史上最"狠"安全教育标语。

用"话糙理不糙"来形容这段标语再合适不过。这样刺激的标语让人猛一听感到不舒服，稍加思索却又感到句句实情。外出打工，为的是家庭幸福。如果生命没有了，什么都没有了，打工的意义和目的完全丧失了。所以，用这种直击心窝子的标语，的确能起到震动、震惊以至震撼的作用。

加强对员工的安全教育，一线生产人员是重点。相对于那些干巴巴、文绉绉的安全教育，这种说到根上、击在痛处的标语，更能入心入脑。

当然，安全工作高于一切、重于一切的理念应该覆盖全部安全生产人

员，最"狠"安全标语既要让一线员工知道，也要让安全生产单位领导和监管人员学习。比如，事故袭来，责任业主麻烦不断，倾家荡产，甚至妻离子散；发生事故，责任官员难逃牵连，落马丢官，甚至面临牢狱之灾等。

某电厂发生工程倒塌事故，工程总承包单位及其上级单位，监理单位及其上级单位，建设单位及其上级公司，能源、电力相关部门的有关质量监督及监管单位，省、市政府等都被追究责任，由相关地方和部门对其他四十七名责任人员依法依纪给予党纪政纪处分，司法机关已对三十一名责任人依法采取刑事强制措施，二十五人涉嫌职务犯罪，被检察机关立案侦查。

二、最简单的安全算术题带来的安全哲理

用数字来体现安全生产的重要性，别有一番天地。"100-1＝0"就很有说服力。"100-1＝0"最初源于一项监狱的职责纪律：不管之前干得多好，如果有一个犯人逃跑，便是永远的失职。在数学领域，没有公式和定理可以证明"100-1＝0"等式的成立。可如果用"100-1＝0"来衡量安全生产时，却是不可置疑的恒等式。"1"是指一次违章指挥、一次违章作业、一次违反劳动纪律等一系列不安全行为，代表着安全管理的"盲点"，是造成事故的隐患。

用算术的方法"计算"安全生产的重要性，把用简单的语言和难以说清的道理转化为数字，会让人感到简明透彻。

第一道题是加法题。"1+0＝？"很简单等于1，但组织者却说等于0。从计算的角度来讲，答案确实应是1，但从企业实际生产来看，现场操作时，同时还有监护人，用"旁观者清"解决"当事者迷"的问题。这样有人作业，就有人监护，相互之间可以提醒、检查、照顾，从而避免发生事

故。如果一人单独操作，而没有监护人，那么很容易出现问题，其结果不是"1"，而是"0"。

第二道题是减法题。"1000－1＝？"很明显答案是999，但它还有一个新的内涵，即"1000"代表着人的一生，其中"1"代表生命，后面的三个"0"分别代表事业、财富和家庭。如果一个人因为事故失去了生命，那么即使再美好的前程、再富有的财富、再美满的家庭，都将失去作用，对这个人来说等于"0"。安全就是一切，没有安全就没有一切，这是必须认清楚的前提条件。

第三道题是乘法题。"90%×90%×90%×90%×90%＝？"这道题复杂些，用计算器得出结果等于59.049%。这道乘法题告诉我们，在安全生产这个系统中，每个环节都是紧密相扣的，如果各个环节都只完成90%的话，最终结果肯定是不及格；对于安全生产人员来说，从事的安全生产各项具体工作、具体行为，绝不能满足于完成90%，而要逐项追求无违章、无隐患、无错漏的100%，避免最终结果不及格。安全生产中的不及格，就意味着事故。所以，在日常工作中，一定要严格执行安全规定，不能打折扣。

第四道题是除法题。"100÷99＝？"答案是1.0101？又不精确。在安全生产中100÷99＝0，是指100个隐患，虽然排除了99个，但并不能说已经安全了。因为只要存在安全隐患，哪怕只有百分之一，同样会导致事故的发生。这就告诫我们，在安全生产工作中，安全这份试卷99分和1分没有本质的差别，少1分都不能称之为安全，必须做到对安全隐患"零容忍"。"二战"时期美国空军降落伞的合格率为99.9%，而军方要求合格率保证100%。厂家说99.9%已是极限，军方遂改变检查制度，每次交货前从降落伞中随机挑出几个，让厂家负责人亲自跳伞检测。结果"奇迹"出现，合格率真的达到了100%。这个故事对安全生产工作有着很好的启示。

"365－1＝0"是某单位在醒目位置悬挂的警示语，意思是一年365天，如果 1 天不安全，结果就是不安全。这个简单的数学题，替代了长篇大论也记不住的道理，道出了安全生产的真谛，让安全生产人员深思和自律。

说到算术，还有一个新鲜的观点：常算安全成本账，用算账的方法先预算结果，再调整行为。

政治成本账。无论是公有企业还是私有企业，作为一个经济体，肩负着为国家、为社会、为人民创造物质财富、提供物质保证的使命。如果事故不断、案件频发，自身安全没保障，怎么履行其使命？电力等企业，如果安全出了问题，将直接影响其服务重大活动、服务正常生产、服务人民群众正常生活的基本职能。更有甚者，一旦发生重特大安全事故，不但要断送有关责任人的前程，还会严重影响政府、企业在人民心目中的形象和在国际舞台上的地位，并且长时间难以消除产生的消极影响。

经济成本账。随着新技术的推进，安全生产设备成本非常昂贵，一起事故的发生，上千万元、上亿元的经济损失已不新鲜。据统计，全国每年因各种事故导致的经济损失达 3000 亿元左右。如某地区发生爆炸事故，第一次爆炸相当于 3 吨 TNT（2，4，6-三硝基甲苯，简称三硝基甲苯，又叫梯恩梯，一种烈性炸药），第二次爆炸相当于 2 吨 TNT，因事故受损住宅 9420 户，受损车辆 2.2 万辆。仅武警部队救援就动用 2700 多名警力，1830 多套装备。爆炸使所在区域的生产被严重干扰，以致长期受到影响，直接经济损失达 68.66 亿元，各保险公司共处理保险赔案 6000 多件，已赔付 81 亿元，预计赔付将超过 100 亿元。

生产力成本账。某单位发生安全问题，单位进行停业整顿、人员追责、干部调整等措施，进而分析原因，查找教训，有的单位可能几年都无法进入正轨，员工士气受到挫伤，生产经营遭受严重影响。甚至还"城门失火殃及池鱼"，不但自己伤筋动骨，还影响上下游工作、业务往来，导致终止业务、商业关系，造成难以弥补的损失。

员工人身成本账。发生事故案件，不仅给单位带来损失，还会给受害者及其家庭造成无法弥补的创伤。同时还会给当事人带来无尽的悔恨和伤痛。2015 年 6 月 1 日，某游轮于长江翻沉，400 多条生命的惨重代价，撞痛了人心。某爆炸事故导致 165 人遇难，8 人失联，798 人受伤。无论是身体创伤还是精神创伤都是无法弥补的。

将算术的方法运用到把控安全生产中来，能让员工更清醒地认识到安全第一，安全高于一切，更自觉地调整安全生产行为，争做"安全人"。

三、最不该发生的事故带来的安全思考

香港某著名风水师，冒雨到广东某地一墓园替客人看风水。岂料遇上山泥倾泻，他与同行 6 人一起遭山泥活埋。救援人员将这 7 人救出，结果 6 死 1 伤。风水师能帮他人预测命运，却连自己的命运都算不准，这正好反证了科学的魅力。安全工作不能靠运气、靠风水、靠大师，而要靠科学的管理和方法，靠思想上对安全工作的真正重视。

中国有句俗话，"不怕一万，就怕万一"，这句话既通俗又富哲理。

1983 年 6 月 21 日下午两点左右，某送变电工程公司线路队工具班在院内的罩棚水泥支柱上安装水银照明灯时，该班刘某随手找来一把电钻，独自一人登上砂轮机（离地约一米高），准备钻眼儿。接通电源后，刘某打开开关，发现没动静，便喊了一声"没电"。与他一起工作的同志转身查看电线插头是否接虚，正在这个时候，在场的同志忽然听到"哎哟"一声，随即断电，只见刘某侧身摔倒在地。"不好，触电了！"班内几个同志异口同声地喊道。他们立即跑上前去对刘某进行胸外心脏按压和口对口人工呼吸，并急速送往医院抢救，但刘某最终因电伤较重而死亡。

事后调查表明，刘某所用手枪式电钻曾被别人借用过，中间又转手他人，借用者在不懂电器常识的情况下，私自拆动插头，错误接线，将接火线的一头，接到地线一端，通电后，电钻外壳已经带电。导致刘某右手持

钻，左手摸扶铁板时，人身触电。

因为领用、保管、检查、试验、维修、交接等制度和使用手持电动工具时应戴绝缘手套等规定都很清楚，所以事故的发生则是单位对电动工具管理不严和个人违反制度造成的。情况很明显，刘某在拿起电钻时，根本没有想到会发生意外，可能只是觉得别人刚用完，不检查也没关系，或者连检查的念头都没有过。假如刘某用前，想到了"万一"的可能，那么，他无疑会细心地检查别人用过的电钻是否存在毛病，及时把错接线头的隐患排除，后来不幸的事情就不会发生。刘某的教训告诉我们，从事安全生产，宁可有备无患，也不可对安全丧失警惕。只有把思想的着眼点放到"万里有一"上，同时具有强大的安全意识和执行规章制度的高度自觉，才能做到万无一失。

某地建筑工人进行工地扎钢筋作业时，不慎从 2 米多高的钢架上坠落，一根钢筋从臀部一直穿到颈部。钢筋从肛门左侧，经过盆腔，再经过腹部至胸腔，到达颈部，从身后穿出，有四大危及生命的地方，而臀部后面还有一段 30 厘米左右的钢筋留在外面。医院制定了 3 套手术方案，并组织了 7 个科室的 12 位专家现场参与手术，所幸这名工人经抢救已无生命危险。从这起事故可以看出，这位工人的安全第一意识和自我保护意识淡薄，现场的防护措施也有明显漏洞。

生命易逝，安全第一，无论是在生活还是工作中，都必须把自我防护放在首位，以免意外发生后追悔莫及。

某地发生特大泥石流灾害。十多个小时之前已经发出预警，山沟沿岸村民全部平安撤离，唯独山沟中的水电站前期工程施工人员及家属未能幸免，14 人遇难，26 人失踪。调查表明，两个方面的预警渠道都是靠短信通知的。一方面是政府将预警短信发给了水电站施工单位与政府接洽的联络人，而该联络人当作一般的气象短信给删除了，并称防汛不是他的责任。另一方面该公司下属的水火气象中心负责将预警信息传递到各建设管理单位负责人、部门负责人、施工承包商以及安全部门。事发当天，该气象中心曾 8 次发出预警短信，可施工局的 3 位副局长中，一位出差在外第二天才看到短信，另外两位都表示没有收到短信。因此，这两条预警渠道都被堵上了。当附近村民和其他施工单位都在紧急撤离时，该施工队还在平静地睡着。从这起事故可以看出，短信虽然是现代便捷通信的一种选择，对一般的、不紧急、不重要的信息是十分方便快捷的，但对于紧急的、重要的信息必须同时伴有直接通话、能够核实并反馈的方式，必要时应该派人到场督促、检查，把工作做细做实。一条短信撑不起安全预警的责任，安全高于一切是大家最高的、共同的和不可逃脱的责任。

在城市建设和发展中，都存在建筑渣土和城市垃圾的堆放、处置问题。一般来说，处理不好主要是污染空气和影响环境的问题，谁也没想到某渣土受纳场却发生了特大滑坡的惊天大事故。

2015 年 12 月 20 日，某渣土受纳场发生滑坡事故，造成 73 人死亡，4 人下落不明，17 人受伤（重伤 3 人，轻伤 14 人），33 栋建筑物（厂房 24 栋、宿舍楼 3 栋、私宅 6 栋）被损毁、掩埋，90 家企业生产受影响，涉及员工 4630 人。事故造成直接经济损失为 8.81 亿元。

调查组查明，事故直接原因有三点：第一，该渣土受纳场没有建筑有效的导排水系统，受纳场内积水未能导出排泄，致使堆填的渣土含水过量饱和，形成底部软弱滑动带；第二，严重超量、超高堆填加载，下滑推力逐渐增大、稳定性降低，导致渣土失稳滑出，体积庞大的高势能滑坡体形成了巨大的冲击力；第三，事发前险情处置错误。这三点导致事故的发生，造成重大人员伤亡和财产损失。

事故暴露出的问题和教训是：地方政府未依法行政，安全发展理念不牢固；涉事企业无视法律法规，建设运营管理极其混乱；有关部门违法违规审批，日常监管缺失；建筑垃圾处理需进一步规范，中介服务机构违法违规；企业漠视隐患举报查处，整改情况弄虚作假，尤其是对群众反映的该渣土受纳场存在的安全隐患麻木不仁，无视该渣土受纳场安全风险，对事故征兆和险情处置错误，使不该发生的事故发生了。调查组对110名责任人提出了处理意见，但事故导致的死伤人员是无辜的，这是任何处置都不能挽回的。

坐在路边下棋，输油管爆炸，人被水泥板砸伤；旅途中，大巴与装有易燃易爆品的小货车相撞、爆炸，人员伤亡惨重；工作在厂房里，粉尘爆炸，车间成了"火药库"……这些近乎魔幻的惨状，近年来连续成为血淋淋的安全事故。为此，全国人大常委会组成人员建议提高安全生产违法成本，让违法肇事企业和责任人付出沉痛代价，形成"企业不消灭事故、事故就消灭企业"的机制，倒逼企业提高安全管理水平。某煤矿已经彻底摒弃了以进尺和产量论英雄的做法，坚持"安全第一、生产第二"的理念，把职工的身体健康和生命安全放在首位，明确"为安全完不成指标工资可照发，出事故逃不了责任扣钱受严处"。现在，该煤矿生产和安全都出现了前所未有的好形势。

四、最震惊的事故案例带来的安全警醒

1. 最震惊的沉船事故

1912年4月15日凌晨，当时世界上最大、最豪华的邮轮"泰坦尼克号"由英国南安普顿驶往美国纽约的首次航途中，在北大西洋撞上冰山而沉没，导致至少1523人遇难。

根据史料记载，沉没的"泰坦尼克号"很可能比电影里的场景更奢华。一位面包师回忆起，船上大餐厅的地毯"厚得可以没过膝盖"，家具"重得你都抬不动"。一本名为《造船家》的杂志甚至评价道："泰坦尼克号在许多细节方面模仿了凡尔赛宫。"

同时，与其后发生的悲剧截然相反，"泰坦尼克号"起航前，人们热

衷于讨论它的安全性：两层船底，由带自动水密门的 15 道水密隔墙分为
16 个水密隔舱，跨越全船。这些隔舱可防止它沉没。为此，一个船员曾骄
傲地告诉乘客："就算上帝亲自来，他也弄不沉这艘船。"

事实证明，还是少拿上帝说事儿为好。

1912 年 4 月 14 日深夜，也就是"泰坦尼克号"首航的第四天，这艘
轮船撞上了巨大的冰山，并在次日沉没。

"泰坦尼克号"沉没当天，理应及时发送求救信息，呼叫其他船只前
来救援。但当时船上的无线电系统出现故障，直到船撞上冰山前才将故障
排除。错过了向其他船只发送冰山出现的信息，而距离"泰坦尼克号"不
远的船只也因被冰山环绕而无法及时赶来救援。

在那个深夜里，"泰坦尼克号"曾经接到过附近船只发来的冰情警报。
但据说船员当时并没找到望远镜，不得不进行肉眼观测。关于"泰坦尼克
号"沉没的原因，说法不一。有人称当时航速过快，导致来不及避闪冰
山；也有人称，一个慌张的舵手听错了命令，转错方向舵，引发船难；而
一个海洋法医专家小组后来对固定该船壳钢板的铆钉进行分析，发现其中
含有异常多的玻璃状渣粒，使铆钉变得非常脆弱，容易断裂。

最终，正是这些人为因素，号称永不沉没的"泰坦尼克号"，永远地
沉入了大西洋海底。

50 年前，希腊"拉柯尼亚号"客轮葬身火海。当夜 22 点 50 分，一位
船员告诉船长，他发现烟雾正在从船头部主楼梯间和中心娱乐厅冒出来。
乘务员们破门冲入理发厅，试图用手提灭火器去灭火，但是未能成功。所
有人在救火前，都没有拉响警报器，这个失误浪费了宝贵的时间。

船长一接到起火报告就马上命令报务员发出"SOS"国际求救信号，
并报告了失事船只的具体方位。后来船长命令旅客们到餐厅里集合，该餐
厅位于上甲板下面第三层，且只有一个楼梯间。幸好许多旅客拒绝服从这
道命令，否则，将会造成严重的拥堵和踩踏，并可能引起恐慌。

由于火势猛烈，深夜24点，船长下令放救生艇，可在救援过程中出现了不该有的损失和牺牲。备用的24只救生艇完全可以容纳全船的1036名乘客，但是在这次海难中却有95名旅客和33名船员丧生！

是什么造成了这样的悲剧？第一，船上的有线广播系统失灵，失去联络手段，引起了许多人的慌乱；第二，由于大部分船员都去灭火，没有高级船员亲自操作或监督放艇和救生艇的乘艇工作，救生艇的下水工作不得不交由未受训练的乘务员来做；第三，许多救生艇缺少必要的设备，有些设备失修或者破损，在放艇过程中或被卡住或未润滑；第四，放艇的过程缺乏统一指挥，这也严重影响了旅客的行动。虽然成功放下了17只救生艇，但许多艇都没有载满。在慌乱中，甚至有一只救生艇将乘客倾翻在了大海里，以致有的乘客不敢登艇。烈火烧毁了剩下的救生艇后，有许多旅客和船员为了逃生，跳入大海。在危急时刻，接到求救信号的英国和美国的求救飞机赶来，向落水者投下了救生圈和救生筏，大大减少了伤亡数字。当时附近的船只和海军舰艇都赶去帮助灭火，但是没有成功，这艘船最后沉没在了大西洋中。

2014年4月16日，载有476人的"岁月号"客轮在韩国全罗南道珍岛郡屏风岛以北海域意外进水并最终沉没。海警123号警备艇最先抵达事故现场，当时"岁月号"已向左倾斜50度~60度左右。警备艇到达后，3楼甲板上的7名机舱部船员和在驾驶船的船长李某急忙逃离客轮。他们当时都没有穿制服，船长甚至未来得及穿上外裤。在他们登上救生艇之前，身旁有46个救生筏，但没有一个人去打开，这些船员与获救的70余名乘客一起搭乘警备艇离开了事故现场。而此时船舱内还在反复播报"大家原地不要动，等待指导"，周围还传来了乘客们回答"好"的声音。事故造成包括4名中国公民在内的295人遇难，9人下落不明。

2015年6月1日21时30分，"东方之星号"客轮在从南京驶往重庆途中突遇龙卷风，在长江中游湖北监利水域沉没。沉船事件发生后，交通运输部门、解放军、武警部队和公安干警、沿江省市等调集了大批专业搜救人员，采取空中巡航、水面搜救、水下搜救、进舱搜救和全流域搜救相结合的方式，开展全方位、立体式、拉网式搜寻。截至 6 月 13 日，经有关方面反复核实、逐一确认，"东方之星号"客轮上共有 454 人，成功搜救12 人，遇难 442 人，全体遇难者遗体均已找到。

2. 最震惊的车辆交通事故

据某省 2014 年交通事故报告，每天有 6 人因交通事故死亡，12 人因交通事故受伤。有关权威部门通报指出，这些重大交通事故皆存在严重非法违规行为和重大安全隐患。

众所周知酒后驾驶危害大，法律严令禁止醉酒驾车，醉酒驾驶危险品运输车更是一万个不应该！某地交警查获一个装载危险化学品的大罐车司机，不顾法律高压线和安全警示，醉酒驾驶装载了丁烯（剧毒，不能高温直射，遇空气、明火易燃易爆）的货车，在高速公路上行驶。经检测，司机血液酒精含量超过醉酒驾驶标准，涉嫌危险品驾驶罪。侥幸的是被交警及时查处，没有酿成重大事故。更严重的还有，两辆运输 72 吨炸药的车辆违规行驶停放发生爆炸。一说到炸药，人们都不由自主地想到防患，可这两辆车的司机拉着 70 多吨的炸药，就像拉着水泥、沙子一样，想走哪走哪，想停哪停哪，可见安全观念早已被抛到九霄云外，不出事才怪呢。2011 年 11 月 1 日，某市一运输公司两辆货车运输炸药至某民爆器材公司，两辆货车未按规定的路线行驶，违规停放在某收费站附近的检测站，突然一辆货车燃烧并发生爆炸。事故发生后，8 人死亡，218 名伤员住院治疗，其中重伤 9 人。

直击事故现场，又见夺命校车。某县一砖厂门口，一辆大翻斗运煤货车与幼儿园接送学生的面包车相撞，截至当晚，已致 20 人死亡（其中 2 名成人），44 人受伤，伤者多为幼儿园儿童。某市一辆幼儿园校车翻入一个水塘，车上 11 名乘客全部遇难，其中包括 8 名放学回家的儿童。这一惨痛事件再次刺痛了社会大众对校车安全的敏感神经。"孩子是祖国的未来"，最天真烂漫、最牵动人心的，就是这群祖国的花朵。毫无自护能力的他们，本该得到最周全的照顾，本该嬉戏在离危险最远的地方。但一辆辆肆意超载、违规行驶的校车，打破了人们美好的愿望。

旅游客车一度成了事故"重灾区"，美好旅行变成"玩命之旅"。一段时间以来旅游客车事故的频频发生，给欢快的节假日生活蒙上了一层阴影。一起起惨烈车祸的发生，一个个鲜活生命的逝去，撞击着人们的心灵，引起人们对旅游客车事故的格外关注和深刻思考。2011 年 10 月，一辆载满旅客的大客车与一辆小型客车在某高速公路上相撞，大客车顿时失控向右侧翻，车体被路侧钢质波形护栏拦腰切断，造成 35 人当场死亡，19人受伤。

2008 年 6 月，某地发生 22 人死亡、3 人受伤的重大交通事故，因其座椅不牢固该，客车的行车安全存在极大隐患，一旦发生冲撞，极易发生挤压致伤致死。2011 年 7 月 22 日凌晨，某高速公路发生一起大客车起火燃烧事故，造成 41 人死亡，9 人受伤。其直接原因是超载和携带危险品上车。从客车自身来看，这种双层卧铺大客车过道狭窄，被褥等易燃物又多，逃生困难。这些事故的发生，一是由于司机违规违章行驶，二是与客车本身的安全防护性能低有关，最后，事故的发生与一些企业部门没有牢固树立"安全第一"的思想观念也是密不可分的。

让人感到欣慰的是，《刑法修正案（九）》2015 年 11 月起实施，明确校车、客车严重超员超速最高判刑 7 年，为校车、客车系上"刑责安全带"。

3. 最震惊的火灾事故

2015 年 5 月，某县老年康复中心发生火灾，造成了 39 人遇难、4 人轻伤、2 人重伤。此次火灾发生在生活不能自理的老人所在区域。失火的房子是没有地基的铁皮板房，学名彩钢板，外部是铁皮，内部的保暖填充部分是易燃或耐火性弱的物质，一旦发生火灾，房子就会整个烧垮，燃烧后还会释放大量的毒气和烟雾。此公寓未由市民政局批准，于 2010 年私自成立，2011 年养老服务机构年检结果报表显示，该老年康复中心年检结果"合格"。相关工作人员违规进行审批和审查，日常监管严重缺失，存在滥用职权、玩忽职守等失职、渎职问题。

2013 年 5 月 31 日，某大型粮库发生火灾，造成 80 个粮囤着火的重大事故和十分恶劣的社会影响，直接经济损失 307.9 万元。导致事故发生的直接原因是：粮库在作业过程中，皮带式输送机在振动状态下电源导线与配电箱体孔洞边缘产生摩擦，导致电源导线绝缘皮破损漏电并打火，引燃可燃物苇栅和麻袋，并蔓延至其他 79 个粮囤、揽堆货物的苇栅苫盖物。管理方面的原因是：安全生产责任制及安全生产规章制度没有得到落实，现场安全管理混乱等。

某禽业公司重大火灾致 120 人遇难，77 人受伤。由于主厂房部分电气线路短路，引燃周围可燃物，高温又导致氨设备和氨管道发生物理爆炸。过火车间共 6 个门，但只开了 1 个，其余 5 个门全是锁着的。据说锁门是确保封闭消毒效果，或是为了避免工人来回走动。当发生重大事故时，这"生门"就变成了"死门"，120 名职工的"生命之门"被关闭了。求生无门，是获救者最痛苦的回忆。造成如此惨痛伤亡的公司，几年前通过了国际质量体系认证和国际食品安全管理体系认证，是省百强农产品加工企业，但"锁门"之举折射出该公司在保障职工安全方面意识相当淡薄。

4. 最震惊的矿难

2014 年 5 月，国外某煤矿发生矿难。事发时有 787 名矿工在井下作业，事故导致至少 238 人死亡，80 多人受伤，其中 4 人重伤。事故发生在 150 米深的矿井下，正值矿工换班。当时一个配电器发生故障，引起爆炸和大火，许多矿工因吸入大量浓烟窒息死亡。

近年来，矿难屡发，防不胜防。南方某煤矿发生瓦斯爆炸事故，29 人死亡。中原某煤矿发生瓦斯爆炸事故，14 人死亡，4 人下落不明。北方某煤业公司发生重大瓦斯爆炸事故，造成 36 人死亡、12 人受伤。第三天，该公司违反禁令擅自组织人员进入井下作业，又发生瓦斯爆炸事故，造成 17 人死亡、8 人受伤。北方某煤业公司发生矿难，造成 26 人死亡、52 人受伤。这不是该公司第一次发生矿难，1989 年该公司曾发生了死亡人数 70 多人的矿难。

不论是什么矿难，都与安全生产措施不到位、违章操作和违章指挥有关。瓦斯之所以会爆炸，关键是瓦斯浓度超限所致，而瓦斯之所以浓度超限，主要原因是停风、风量不足、矿井结构设计不科学等。

5. 最震惊的爆炸事故

2013 年 5 月 20 日，某集团下属公司发生重大爆炸事故，造成 33 人死亡、19 人受伤。事故发生的直接原因是：震源药柱废药在回收复用过程中混入了起爆件中的太安。管理上的原因是：该公司法制和安全意识极其淡薄，安全管理混乱且长期违法违规组织生产，违规改变生产工艺，违法增加生产品种，并超员超量生产，违规进行设备维修和基建施工，并弄虚作假规避监管。

2013 年 11 月 22 日，某地输油管道发生爆炸，造成 62 人遇难，136 人受伤，直接经济损失 7.5 亿元。事故发生的主要原因是：输油管路与排水暗渠交汇处管道腐蚀变薄破裂，原油泄漏，流入排水暗渠，所挥发的油气与暗渠当中的空气混合形成易燃易爆的气体，在相对封闭的空间内集聚，现场处置人员使用不防爆的液压破碎锤，在暗渠盖板上进行钻孔粉碎，产生撞击火花，引爆了暗渠的油气。由于泄漏的原油已经形成混合气体，在排水暗渠中集聚蔓延、扩散，从而导致在大范围内连续发生爆炸，此次事故暴露出对隐患排查不认真、不负责，应急处置不力，违规违章作业和规划设计不合理等四个方面的突出问题。

某地发生大爆炸，造成 75 人死亡，185 人受伤。事前该企业存在大量违反安全生产规定的行为，并有意逃避安全检查。爆炸发生的原因是由于企业长期没有解决粉尘浓度超标等问题。这不仅仅会导致爆炸，如果浓度超标的粉尘吸入肺中，还可能使肺脏组织不断纤维化，导致尘肺病。爆炸的惨痛教训印证了一个事实：执行安全生产制度，切不可走过场。

某石化企业在短短 4 年间，发生 7 起特、重大事故，涉及输油管道爆炸导致的漏油事件、厂区起火事故，爆炸起火事故等，直接经济损失达数亿元，重伤、死亡多人，先后有 99 名责任人受到党纪、政纪处分，另有 14 人被追究刑事责任。

每当生产事故发生，总能从媒体上看到主要责任人被问责，事故企业甚至全行业掀起安全大检查活动、完善安全制度等，但无奈的是，当"风浪"过去，"风平浪静"时，是否安全理念便会淡化，管理上的疏漏、安全上的隐患是否会依然如旧？

在这方面，永戴"事故警示戒指"的做法值得我们学习。加拿大政府将一座大型桥梁的设计任务交给了加拿大一所国际知名工程学院毕业的一位工程师，但谁也没想到，由于设计上的失误，大桥在建好交付使用后不久就倒塌了，造成不可挽回的巨大损失。

为告诫学生要永远吸取这一沉痛教训，这所工程学院花钱买下了建造这座桥梁所用的全部钢材，加工成数百万枚戒指，并将其定名为"耻辱戒指"。从此，每位毕业生在领毕业证书的同时，还会领到一枚"耻辱戒指"。为重塑母校形象，走出校园后的学子们，时刻以耻辱戒指警示自己，严谨勤奋，许多人创造出辉煌业绩。尽管那个令人难堪的事件已成为遥远的过去，母校已重新赢得声誉，可这所学校的毕业生依然像从前一样，把那枚耻辱戒指戴在手指上。

个别单位的领导或员工，在安全生产过程中不慎出了事故或造成人员伤亡时，伤心不已。在事故发生的一段时间里，上上下下都特别重视安全生产。但时间一长，事故就会逐渐被淡忘，这种"好了伤疤忘了疼"的心态是安全生产的大忌。

"耻辱戒指"的生动事例告诉我们，安全生产容不得丝毫松懈，必须时刻做到警钟长鸣，防患于未然。事故虽然可怕，但事故发生之后不真诚地吸取教训是更可怕的，"安全"也应当是一枚虽不需佩戴，但时刻存在于我们意识中的警示戒指。

五、最严重的大停电事故带来的安全启示

电力安全事故中最严重的莫过于大停电。危机专家指出："一次大停电，即使是数秒钟，也不亚于一场大地震带来的破坏。"

电网停电是公共安全的重大威胁。从 2003 年以来的 10 多年时间里，国外的大停电事故就有 15 起之多。

2003 年发生 3 起大停电事故。8 月 14 日，以北美五大湖为中心的地区以及加拿大安大略等地区发生大停电事故。8 月 23 日，英国伦敦和英格兰东南地区发生大停电事故。9 月 28 日，意大利全国大部分地区同时停电。

2005 年发生 3 起大停电事故。5 月 25 日，俄罗斯莫斯科南部、西部和东南大部分地区及附近 25 个城市发生大停电事故。8 月 18 日，印度尼西亚爪哇岛至巴厘岛的供电系统发生故障，造成首都雅加达全部停电，同时西爪哇、中爪哇、东爪哇和巴厘地区的部分电力供应中断。9 月 12 日，美国西部最大的城市洛杉矶发生大停电事故。

2006 年发生 1 起大停电事故。11 月 4 日，西欧大片人口密集地区陷入黑暗之中，停电波及西欧多个国家，德国、法国、意大利三国受影响最大。

2007 年 4 月 26 日，哥伦比亚首都波哥大北部的托尔卡总发电厂发生技术故障，致使全国供电网络中断，造成全国 80% 以上地区的各行业陷入瘫痪三个多小时，经济损失高达数亿美元。

2011 年发生 2 起大停电事故。9 月 15 日，韩国经历了有史以来最严重的大停电事故。首尔、仁川、釜山、大田、庆尚南道等地突遭停电，全国上下陷入一片混乱。9 月 24 日晚，智利中部地区包括首都圣地亚哥在内的四大区电力供应全部中断。停电让世界最大铜矿产国智利的许多矿场因此停止运作。

2012 年发生 5 起大停电事故。7 月 30 日和 31 日印度大停电，电网崩溃。10 月 12 日 16 时古巴大停电，同一时间英国伦敦突发大停电事故。10 月 29 日晚美国纽约受飓风影响，下曼哈顿地区停电，陷入一片黑暗。11 月 7 日，阿根廷首都布宜诺斯艾利斯发生大停电事故。

综观这些大停电事故，最值得引起深刻思考的是五个方面：

启示之一：大停电事故涉及人口众多。例如受影响人数最多的印度大停电。2012 年 7 月 30 日凌晨，印度北方电网崩溃，3 亿人无电可用，创下世界历史上停电规模的纪录。次日，该纪录被印度自己打破，第二次大停电使 6.8 亿人受到影响，超过印度人口的一半。

启示之二：大停电事故导致经济损失巨大。例如 2003 年 8 月，美加大停电，是美国历史上最大的停电事故，每天造成的经济损失高达 300 亿美元。数千趟航班停飞，成千上万人被困在黑暗的地铁里、高楼的电梯中，城市供水中断，大量食品腐烂，人流车辆拥堵街头，街上的消防警报声彻夜不绝……

启示之三：大停电事故造成政治影响恶劣。2015 年 4 月 7 日，华盛顿大停电，白宫、国会和国务院等政府机构也未能幸免。事发时，白宫各个房间和新闻办公室灯光突然熄灭，电脑停止运行。停电同时给美国国务院带来影响。美国国务院当天正举行例行的新闻发布会，停电后，会议在黑暗中继续进行。女发言人玛丽·哈尔夫借助手机亮光读完了发言稿，与记者在"黑暗中对话"。

启示之四：电网建设必须强化科学发展、安全发展。电力供应是现代社会正常运转的前提，如果说亚马孙丛林的一只蝴蝶振动翅膀有可能引起美国佛罗里达的一场风暴，那么一场电网事故则足以瘫痪一个国家。正因为如此，很多国家已将电网安全上升到国家安全的高度。印度大停电暴露出印度电网在网架结构、管理、体制等方面的诸多问题，启发我们可以从自然灾害的影响、系统动作发生失误、电力设施老化、人为造成的失误、恐怖袭击等方面研究改进，确保电网安全稳定运行。

启示之五：电网安全管理必须强化超强预防、应急机制。2012 年 3 月 11 日，日本大地震引发了海啸和核电站事故，之后被海啸摧毁的地方虽然很快复原，但核电站事故引发的核辐射危害不知会持续多长时间。日本国会后来公布调查报告，把福岛第一核电站辐射物质泄漏的原因定为人祸。由于电网高度的互联性、实时性与复杂性，往往是小差池造成大灾难，这就是电网的脆弱性。

外国大停电等一系列事故，催生了我国大停电应急机制。以《国家处置电网大面积停电事件应急预案》为契机，建立了国家电网到县级电网共 5 级的应急处置网络。鉴于南方冰灾系列停电和个别城市局部停电、个别热电厂机组故障影响城市供热等问题，不断加强常态下的安全生产管理和异态下的应急工作，任何时候都是重中之重的问题，必须做到打有把握之仗，把工作做在前头、落在实处，从而保证电网安全万无一失。

六、最朴实的安全愿望带来的安全呼声

安全是企业永恒的话题，事关企业的稳定和职工的生命健康。职工们都有一种最基本、最真切、最由衷的认识：平安是最大的幸福、安全是最大的福利。

幸福，一个多么美好的字眼，它是人类亘古不变的追求，更是每个人一生的向往。不同的人身处不同的处境，对幸福都会有不同的看法与

感悟。有的人认为幸福是拥有百万、千万、亿万的金钱；有的人认为幸福是拥有别墅、洋房和高级轿车；还有的人认为，吃得好、穿得好、玩得好就是幸福。这都没有说到根本上。正确的答案：平安才是最大的幸福。

这个答案来自人们听到的、见到的或者感受到的，由于忽视安全所造成的一幕幕悲惨的场面，这些场面激起了人们心灵的强烈震撼。

这个答案来自一时的疏忽或失误，给个人带来的痛苦，给家庭蒙上的阴影，给社会带来的负担，给国家造成的损失。

这个答案来自众多的事故受害者共同的呼喊。没有了平安，一切都是过眼云烟。试想，一个人的生命都没有了，还谈什么幸福。即使你拥有亿万财富，腰缠万贯，又有什么用呢？发生事故，对一名员工、一个家庭来说，面临的将是百分之百的灾难，那将使个人失去生命，老人失去儿子，孩子失去父亲，妻子失去丈夫，为了不让更多家庭遭受这种痛苦，必须将安全生产放在第一位。

一部安全影视片里唱得好："有一种心情叫希望，最大的希望是平安；有一种快乐叫幸福，最大的幸福是平安。""希望是平安，幸福是平安，生命礼花朵朵鲜艳。"

安全，既简单又复杂的字眼，它贯穿于生命的全过程，维护着我们生命的每个瞬间。

没有安全，阳光不再明媚；没有安全，生活不再和谐；没有安全，物质福利不能享受。在生产过程中，保障职工的人身安全就是最大的福利。

某地一民营企业给员工发放"有害工种福利补贴金"，遭到员工的拒收。员工们说：这样的福利我们不要，安全保障才是给我们的最大福利。原来该企业工作环境不好，易患职业病，企业想用提高福利的办法来刺激员工的积极性，员工不被眼前的小利所动，要求企业提供正常的劳动保护和职业安全保障。他们认为，如果自身的安全都难以保障，福利又有何用？充分保障员工安全的工作环境，才是拴心留人的首要条件。

在企业生产过程中，保障职工的人身安全是给职工最大的福利。要经常进行安全检查，消除不安全因素，使职工在安全、稳定的环境中生产；要对职工进行相应的安全意识、安全技能、安全素质的教育和培训，使职工懂得怎样保护自身的安全；要让职工熟知工作中的危险及防范措施，提供必需的劳动保护用品，确保生产过程中职工的人身安全。

有的单位在工作现场竖起"安全是职工最大的福利"的牌子，十分醒目，也感觉特别亲切。从安全与福利的关系上来说，有了安全，企业才能创造出更多的效益；企业拥有了效益，职工才能拥有更多、更好的福利。企业把安全当成是对职工的第一福利去对待，职工也能主动地把安全当成是企业给自己的第一福利去重视，使职工真正享受工作的愉快和生活的幸福，共同筑牢企业安全生产大堤。

"事故""重伤""死亡"这些词汇冲击着我们的心灵。我们都明白，生命逝去将不再重来，刻下伤痛将难以抚平。歌曲《祝你平安》一句"好人一生平安"，唤起多少人对平安的赞美与向往。生活幸福来自安全，人生快乐首当平安，把握安全，拥有明天。

七、最强劲的安全生产声音带来的警钟长鸣

人的整个有机体是一个追求安全的机制，可是，当安全上的需要一旦相对满足后，安全工作便会陷入被动。被动的状态和抓而不紧、抓而不实的现象都是致使事故发生率居高不下的因素。作为职工，发生了不安全问题再想到安全为时已晚；作为领导干部，在保证自身安全的同时，更重要的是保障分管的区域、地方、单位的人员的安全。近年来，为了激发基层单位、企业变被动为主动、变浅抓为深抓，各级党委和政府做了大量的教育引导工作，党中央更是把安全当作重要工作来抓，列入了国家战略，敲

响了长鸣警钟，奏响了安全工作的最强音。

1. 奏响安全发展理念的最强音

党中央把安全发展作为一个重要理念纳入我国社会主义现代化建设的总体战略。党的十八届五中全会要求，牢固树立安全发展理念，坚持人民利益至上，健全公共安全体系，完善和落实安全生产责任和管理制度，切实维护人民生命财产安全。习近平总书记主持召开的中央国家安全委员会第一次会议强调，增强忧患意识，做到居安思危，是我们治党治国必须始终坚持的一个重大原则。要准确把握国家安全形势变化新特点新趋势，坚持总体国家安全观，走出一条中国特色社会主义国家安全道路。习近平总书记就做好安全生产工作多次作出重要指示，强调牢固树立安全发展理念，防范重、特大安全事故的发生。

针对天津滨海新区特别重大火灾爆炸事故以及近期一些地方接二连三发生的重大安全事故，再次暴露出安全生产领域存在突出问题，面临形势严峻。习近平总书记指出，血的教训极其深刻，必须牢牢记取。各级党委和政府要牢固树立安全发展理念，坚持人民利益至上，始终把安全生产放在首要位置，切实维护人民群众生命财产安全。要坚决落实安全生产责任制，要健全预警应急机制，加大安全监管执法力度，深入排查和有效化解各类安全生产风险，提高安全生产保障水平，努力推动安全生产形势实现根本好转。各生产单位要强化安全生产第一意识，落实安全生产主体责任，加强安全生产基础能力建设，坚决遏制重特大安全生产事故发生。

习近平总书记还在中央政治局常委会议上发表重要讲话，对全面加强安全生产工作提出明确要求。

必须坚定不移保障安全发展，狠抓安全生产责任制落实。要强化党政同责、一岗双责、失职追责，坚持以人为本、以民为本。

必须深化改革创新，加强和改进安全监管工作，强化开发区、工业园区、港区等功能区安全监管，举一反三，在标准制定、体制机制上认真考虑如何改革和完善。

必须强化依法治理，用法治思维和法治手段解决安全生产问题，加快安全生产相关法律法规制定修订，加强安全生产监管执法，强化基层监管力量，着力提高安全生产法治化水平。

必须坚决遏制重特大事故频发势头，对易发重特大事故的行业领域采取风险分级管控、隐患排查治理双重预防性工作机制，推动安全生产关口前移，加强应急救援工作，最大限度地减少人员伤亡和财产损失。

必须加强基础建设，提升安全保障能力，针对城市建设、危旧房屋、玻璃幕墙、渣土堆场、尾矿库、燃气管线、地下管廊等重点隐患和煤矿、非煤矿山、危险品、烟花爆竹、交通运输等重点行业以及游乐、"跨年度"等大型群众性活动，坚决做好安全防范，特别是要严防踩踏事故发生。

这些讲话和批示，抓住了根本、抓住了要害，明确了安全工作的重点和方向。如果我们真正高度重视安全生产，真正学习贯彻好习近平总书记的这些重要批示，安全生产的形势一定会好起来。

2. 奏响安全法规制度的最强音

《安全生产法》要求我们必须坚持依法治企，靠法制夯实安全生产基础，自觉运用法制思维和法治方式解决安全生产问题。《安全生产法》向生产经营单位传递出一个强有力的信号，即遵守《安全生产法》是一条"高压线"，触犯这一法律，必须付出沉重的代价。每个企业、每个人都要树立法治信仰，成为法治的忠实崇尚者、自觉遵守者、坚定捍卫者，让安全生产在法治的轨道上走得更稳。

经国务院调查组认定：天津港"8·12"事故是一起特别重大安全生产责任事故。事故暴露出有关地方政府和部门存在有法不依、执法不严、监管不力等问题。这种把安全法规视为儿戏、安全监管执法不严格，一些重大隐患、违法违规行为长期得不到治理，必然要出问题。有关责任者也必然要受到法律的严厉惩处。

国徽高悬，法庭庄严。"8·12"事故中49人被送上刑事被告席，其中国家工作人员职务犯罪案件25件，涉及人员25人；瑞海公司等相关企业及责任人员犯罪2件，涉及人员24人，瑞海公司董事长被判死刑缓期执行。天津中滨海盛卫生安全评价监测有限公司11名直接责任人员在法庭上鞠躬谢罪。在"8·12"事故系列案件审判中，大量责任者被判玩忽职守罪，并且是重刑、重判，失职、失察与滥权同等追责。

2016年底，安监总局相关负责人解读了中共中央国务院关于推进安全生产领域改革发展的意见，明确将一些极易导致重大生产安全事故的典型违法行为列入刑法调整范围。比如，在现行刑法中，涉及安全生产事故领域的犯罪大多是"结果犯"，即以发生严重后果作为定罪的要件。无论是重大责任事故罪、强令违章冒险作业罪，还是危险物品肇事罪、不报或者谎报事故罪等，相关刑法条款中都有"情节严重"的表述，即如果情节不严重，则不具备定罪的条件和标准。而研究修改刑法有关条款，包括拟将"结果犯"调整为"行为犯"，即不管是否造成了严重后果，只要实施了极易导致安全生产事故的违法行为，就构成犯罪。一旦法律修改完成，那些在落实安全生产责任和措施上打折扣、心存侥幸的企业和人员，都可能面临刑法处罚。这就意味着，安全生产"不出事就行"的日子一去不复返了。

3. 奏响安全红线意识的最强音

习近平总书记多次强调，人命关天，发展决不能以牺牲生命为代价，这必须作为一条不可逾越的红线。要牢固树立发展决不能以牺牲安全为代价的红线意识。坚守这条红线，就要树立安全大于天的思想防线，在头脑里牢记"天大地大不如安全事大，千好万好还是平安最好"的理念。生命高于一切，坚守这条红线，就要逐渐消灭安全意识淡薄、隐患排查不认真、安全责任不落实、安全监督不到位等逾越安全红线的行为。坚守这条红线，就要形成安全红线碰不得的生产习惯。

　　某煤矿掘进队的一名皮带工，为省事坐了正在运输的皮带，被勒令进学习班学习，同时还被罚款 2 万多元。另外按照矿里的制度，从队长、书记、系区区长等相关领导被罚款共近 30 万元。矿工们都从中受到教育，"规章制度不能违反，安全红线碰不得"的风气树立起来了。这个事例告诉我们，只要人人都有了"红线"意识，人人都坚守"红线"，就可以保持安全生产良好态势。

　　研究军队安全发展、预防事故的专家王安将军说得好："一个星期有七天时间，我们用一天时间抓安全行不行？不行；我们用三天时间抓安全行不行？不行；我们用六天时间抓安全行不行？还是不行。安全发展必须结合各项工作和各项活动，天天抓、人人抓、事事抓、处处抓，才能筑牢安全防线，长治久安，立于不败之地。"

第三章　工作顺序上，安全生产先于一切、早于一切

先和后，早与晚，前后相继，陆续连接，这是事物发展的正常顺序。"物有本末，事有终始，知所先后，则近道矣。"这是告诫我们认清事物发展的先后顺序，推动工作的有序发展，切勿本末倒置，事倍功半。安全生产工作过程复杂，人员众多，应该分好先后缓急，才能有条不紊。同时，安全生产人员生活在社会、单位和家庭环境里，面临的和要办的事情很多，区分主次、分清先后是必须解决的问题。由于安全处于决定一切、影响一切的重要地位，所以安全生产人员必须把安全放在先于一切、早于一切的位置；并且在安全工作与其他工作中，安全生产人员要做到先抓、早抓安全工作，坚持顺序在前、时间在先，而且在任何时候、任何情况下都能如此。只有这样，才能保持清醒的头脑，清晰的思路，保证企业的安全发展。

一、扁鹊兄弟治病的深刻启示

扁鹊是古代很有名气的医生。一次魏文侯问扁鹊："你家兄弟三人都精于医术，到底哪个为最呢？"扁鹊答："长兄最好，中兄次之，我最差。"魏文侯不相信，再问："那为什么你最出名呢？"扁鹊真诚地说出了原委："长兄治病，是治病于疾病发作之前。因此一般人感觉不到他的治疗效果，也不觉得他医术高明，但我们家人知道。"

"中兄治病，是治病于大病初期患者还不是很痛苦之时。因此，一般人以为他只能治小病，所以他的名气只是在本乡范围里。"

"而我治病，是治病于病情严重之时。一般人都看到我在经脉上穿针放血等做大手术，所以以为我的医术高明，名气因此响遍全国。"

扁鹊认为其长兄医术最高明，高就高在其治病于疾病发作之前。这种看法出自名医之口，是非常有道理的。

治未病主要包括未病养生、防病于先，在还未发病之时就采取防护措施，防止疾病的发生、发展与转变，这是经典的中医传统理论。《黄帝内经》提到："是故圣人不治已病治未病，不治已乱治未乱"。中医讲调理，不是不治。它的意思是不要等有了病才去治病，而是在未病时就预防疾病。它充分说明了医学的两个重要任务，即治病与防病，而且指出了后者的重要性。

未病先防，治在未病之先的思想和行为同样适用于安全生产领域。某单位从"病后寻医"到"主动体检"，利用"四维度分析模型"为员工安全行为"诊脉"的实践就很能说明问题。

调查显示，96%的事故源于人的不安全行为，可以说，是否安全取决于"人"这一重要因素。再好的设备和技术，再完善的规章制度，也无法取代人自身的素质和责任心。因此，做好安全工作，必须做透人的工作。这是关键点，也是难点。以往企业对员工在安全生产中的状态只能作出一些模糊的判断，比如"技能好不好""责任心强不强""安全意识浓厚或淡薄"等宽泛的结论，难以形成针对性强的管理办法。

近年来，该单位进行了电力安全生产四维度分析研究，实现了将"人"这个要素从定性分析到定量分析的转变，从而将事故预防从事后查找原因变到事前预防。他们从员工行为状态入手，随机采集了100例隐患样本，对涉及的人为因素进行研究，得出由技能、习惯、不和谐与疲劳等四大因素组成的四维度分析模型。再将四个维度细化成29个指标，设计成相应题目，以问卷形式完成调查，最后根据调查结果进行指标分析，形成员工状态的"健康指标"。

他们在设计问卷题目时尽量用数据说话。比如在"技能"维度方面，通过参与事故处理次数、参与故障分析处理次数、参与培训情况次数、参与预案编制次数、技能鉴定等级、发表论文、获奖项目、申请专利的总数等方面进行定量分析。再如在"和谐"维度方面，既有每年生病的次数，又有对夜间工作的承受能力、认为目前的个人能力与工作的要求是否匹配等问题，力求尽可能全面掌握人员的状态，从而实行有针对性的关怀或纠偏。

这种"治未病"，将安全隐患消除在萌芽状态的做法，在安全生产活动中已经引起重视，如电力行业夏季和冬季是事故高发季，于是赶在夏季之前进行春检，赶在冬季之前进行秋检。但是怎样做到像扁鹊长兄那样高明，"治病于疾病发作之前"，而不是图形式、走过场，仍是一项需要不断改进和认真坚持的工作

二、"曲突徙薪"的先见之明

西汉时期，有人盖了一座新房子，客人们都前来观赏。可是有一个客人，见主人家的烟囱很直，旁边堆着许多柴火，就劝主人把烟囱改建得弯曲一些，把柴火搬开，不然有着火的危险。可是主人认为这客人不会说吉利话，很不高兴，便没有听他的。

过了不久，这家果然发生了火灾，幸亏左邻右舍赶来相救，才把火扑灭。主人为了酬谢前来救火的邻居，杀牛买酒，把那些被火烧得焦头烂额的人请到上座论功排座次，其余的人坐在旁边，就是没有请那位劝他改砌烟囱，搬走柴火的朋友。

席间有个客人说："如果你当初听从那位朋友的劝阻，也就不会失火

了，也就用不着像今天这样杀牛买酒请客了。今天你论功请客，请被烧得焦头烂额的人坐上席，却把那位朋友忘了。这岂不是曲突徙薪无恩泽，焦头烂额为上客吗？"

主人听了这番话，猛然醒悟过来，马上派人把那位朋友请来，并让他坐了首席的位置。

"瞎子点灯白费蜡"的故事也是相似的道理。有个晚上，一名盲人提着灯笼在街上行走。一个知道他是盲人的朋友感到奇怪，问他："你自己看不见，为什么还要提着灯笼走路？"盲人答："是为了让别人看到我，不会撞到我。"盲人提着灯笼，可以起到防撞的预防作用，这并不是多此一举。

以上两个故事里的客人和盲人的可贵之处都是有先见之明，注重防患于未然。一些单位在安全生产中，常常存在对参与抢修人员给予重奖，以"焦头烂额"为标准来评功劳、排座次、论英雄，却对有先见之明的倡议、建议者不闻不问的现象。有鉴于此，我们本着对安全生产负责，对员工的生命负责的精神，正确地吸取曲突徙薪的经验教训，应当把工作的重点、奖励的重点放在"先见之明"上，既要奖励抢修"勇士"，更要奖励有先见、有预见的"谋士"。通过开展合理化建议、金点子和安全预想、预测、预防、预检、预试等活动，变"事后诸葛亮"为"事前诸葛亮"，变打被动仗为打主动仗。同时对不愿听、不会听、不常听先见之明，而导致事故、造成损失的责任人要追究责任，严加惩处，不能再以人的生命和企业的财产为代价，用"杀牛买酒请客"了事。

三、"亡羊补牢""吃堑长智"的安全新解

战国时期，楚国的楚襄王即位后，重用奸臣，政治腐败，国家一天天衰亡下去。大臣庄辛看到这种情况，万分着急，就劝楚襄王不要成天吃喝

玩乐，不理朝政，长此以往，楚国就面临着亡国的危险。楚襄王听了勃然大怒，骂道："你老糊涂了吧，竟敢这样诅咒楚国。"

庄辛见楚襄王听不进逆耳忠言，只好躲到了赵国。五个月后，秦国果然派兵攻打楚国，占领了楚国的都城郢都。楚襄王如丧家之犬，逃到城阳。惊恐之余，他想到了庄辛的忠告，又悔又恨，便派人把庄辛迎请回来，说："过去因为我没听你的话，才有今日的大败，现在，你看还有办法挽救吗？"庄辛看到楚襄王有悔过之心，便借机给他讲了亡羊补牢的故事。

庄辛又给楚襄王分析了当时的形势，认为楚国虽然失去了郢都，但只要改正过错，振作起来，秦国是很难灭亡楚国的。楚襄王采纳了庄辛的建议，并按照庄辛的话去做，果真渡过了危机，振兴了楚国。

"亡羊而补牢，未为迟也"，比喻在受到损失之后，赶紧想办法去补救，免得以后再受损失，还不为迟。庄辛救楚，献计楚襄王，也正是这个道理。

就"亡羊补牢"这件事来说，可以分为四种情况。首先是将"羊圈"扎牢，力求做到万无一失，这需要在"扎牢"上下真功夫，而不是虚功。这是上策。其次是及时发现"羊圈"出现的问题，赶紧"补牢"，防止了"亡羊"。这需要善于预测，勤于检查、立即补救，把问题解决在萌芽状态中。这是中策。再就是"亡羊"后再"补牢"，这是下策。最可怕的是第四种，"亡羊"后仍不"补牢"，知错而不改。

但对于安全工作来说，应该大力提倡"上策"与"中策"。这是因为事故的代价是付不起的，安全管理者的思想和工作标准决不能停留在"亡羊补牢"上。人的生命只有一次，我们必须从居安思危、见微知著的角度来解读事故规律，做好超前管理的文章。

有这样一个常识性的道理：事故后的表态斩钉截铁，不惜一切代价救人或处理善后的气度，如何比得上事前的百倍谨慎、万分小心？也许在任何一个国家，想百分之百避免事故，都不现实；人非圣贤，孰能无过，也许要求所有企业的安全工作都达到尽善尽美、万无一失，可能有一定难度，关键的问题是必须跳出"亡羊而补牢，未为迟也"的低标准，不要等事故发生再去寻找责任单位和个人，如果把这些精力放在事前而不是事后，安全生产事故损失就会减为最小。例如对于供电企业而言，在通过安装避雷器、驱鸟器等手段做好防雷、防鸟害工作的同时，与气象部门保持密切联系，在恶劣天气到来之前做好防护工作。夏季天气炎热，容易发生设备爆炸事故；冬季气候干燥，容易发生火灾事故等，掌握一些气候规律，可以事先做好防护工作。再如中国企业走出国门之前，不但要准备一套应急预案，更应该在安全管理上下功夫：对项目所在国的政治、法律、文化做深入的了解，对所在地的环境、风俗进行风险评估，建立驻地场所、工人作业、医疗卫生方面的制度，严格对驻外人员进行培训，提升管理人员的素质，做好各方面的准备，从而有效地保护人身财产安全。

吃一堑，理应长一智。事故猛于虎，安全大于天。我们对安全生产中的"堑"之险、"患"之恶、"害"之痛，应该刻骨铭心。无论如何，对这个"堑"付出的代价要长点记性、多点理性，变被动为主动。但也常常有这样的情形：相同的事故，都在不同的地点、不同的时间再次发生，让人感到吃堑未必就能长智。

所以现在更理智的一种说法正在被大家接受，那就是：安全生产切莫以吃"堑"换"智"，不要等到吃一堑再长一智。

长智最根本的办法是要把安全规章制度当作安全生产人员的长智之法、规范之要、行为之轨，坚定不移、一丝不苟地贯彻执行，让安全规章制度成为规避安全风险的"护身符"和"锦囊"。

长智最好的办法是别人吃堑，我长智。有一段时间，世界上接连出现甲型H1N1流感病毒疫情。我国中医药管理局立即印发《甲型H1N1流感中医药预防方案》，为公众防疫开出了中药处方，实行"别人有病我吃药"

加以预防。医道如此，安全生产也不例外，要学会吸取他人的教训，来长自己的智；别人有了"病"，自己主动"吃预防药"，而不是当热闹看，当故事听。首先要找准别人的"病因"，分析来龙去脉，把"病因"当作自己亲历的事来认真反思，认真对照检查自己同样或类似的"不适"，然后"对症吃药"，防止"带病作业"而"积劳成疾"。其次不能"头疼医头，脚疼医脚"，而要举一反三，全面检查，并对疑难问题、倾向性问题进行"会诊"，找出解决问题的办法，达到"身体"整体健康。

长智最有效的方法是练好安全管理"内功"。从规范安全管理基础抓起，加强单位安全制度建设、加强作业现场管控、建立隐患动态查治机制、构建安全风险管控长效工作机制，提高单位安全管理水平，有效防范各类事故风险。一些先进的安全生产单位靠严格规范的安全管理长期保证了安全。不吃堑也能长智。直接学习和借鉴别人成功的经验，是加快提高自己管理水平最有效的办法之一，可以少走弯路。把先进单位的经验与本单位的实际有机结合，改进本单位的管理，从而保证生产的安全。

四、"填满的罐子"的重要经验

一天，动物园管理员发现袋鼠从笼子里跑出来了，于是开会讨论，大家一致认为是笼子的高度过低。所以他们将笼子由原来的 10 米加高到 30 米。第二天，袋鼠又跑到外面来，他们便将笼子的高度加到 50 米。这时，隔壁的长颈鹿问笼子里的袋鼠："他们会不会继续加高你们的笼子?"袋鼠答道："很难说。如果他们再继续忘记关门的话!"

事有"本末""轻重""缓急"，关门是本，加高笼子是末，舍本而逐末，当然不见成效了。

其实，无论在哪个行业，做哪些事情，要见成效，做事过程的安排与进行次序非常关键。

有一次，苏格拉底给学生们上课。他在桌子上放了一个装水的罐子，然后从桌子下面拿出一些正好可以从罐口放进罐子里的鹅卵石。当着学生的面，他把石块全部放到了罐子里。

接着，苏格拉底向全体同学问道："你们说这个罐子是满的吗？"

学生们异口同声地回答说："是的。"

苏格拉底又从桌子下面拿出一袋碎石子，把碎石子从罐口倒下去，然后问学生："你们说，这罐子现在是满的吗？"

这次，所有学生都不作声了。

过了一会，班上有一位学生低声回答说："也许没满。"

苏格拉底会心地一笑，又从桌下拿出一袋沙子，慢慢地倒进罐子里。倒完后，再问班上的学生："现在再告诉我，这个罐子是满的吗？"

"是的！"全班同学很有信心地回答说。

不料，苏格拉底又从桌子旁边拿出一大瓶水，把水倒在看起来已经被鹅卵石、碎石子、沙子填满了的罐子里。然后又问："同学们，你们从我做的这个实验中得到了什么启示？"

话音刚落，一位向来以聪明著称的学生抢答道："我明白，无论我们的工作多忙，行程排得多满，如果要挤一下的话，还是可以多做些事的。"

苏格拉底微微笑了笑，说："你的答案也并不错，但我还要告诉你们另一个重要经验，而且这个经验比你说的可能还重要，它就是：如果不先将大的鹅卵石放进罐子里去，也许以后永远没机会再把它们放进去了。"

通过这个故事，我们发现，在行动之前，一定要把问题和工作按照性质、情况等分成不同等级，然后巧妙地安排完成和解决的顺序。

对安全生产人员来说，必须分清轻重缓急，坚持安全工作第一，首先把"鹅卵石"放进生命的罐子里，千万不要做本末倒置、轻重颠倒的事情。

五、"墨菲定律"的警示告诫

1949 年，美国空军上尉工程师爱德华·墨菲参加"急剧的速度变化对飞行员的影响"的试验，工程师们在受试者上方安装加速度计悬空装置，当时有两种方法可以将加速度计固定在支架上，而让人感到吃惊的是，竟然有人有条不紊地将 16 个加速度计全部安装在错误的位置。墨菲啼笑皆非地对同事们开玩笑道："如果一件事情有可能被弄糟，让他去做就一定会弄糟。"于是，墨菲的这句话在记者会上被那个受试者引用，并迅速传播开来，成为一个著名论断。

"墨菲定律"的含义是，如果有两种或两种以上的选择，其中一种将导致灾难，则必定有人会作出这种选择。

"墨菲定律"并不是强调人为错误的概率性定理，而是阐述了一种偶然中的必然性。实际上，墨菲所描述的这种现象在生活中常见到。比如，我们可能会把钥匙忘在家里，那么，这种问题迟早会发生。如果你兜里装着一枚金币，怕别人知道也怕丢失，所以你动不动就用手去摸兜，看金币还在不在。于是你的规律性动作引起了小偷的注意，最终被小偷偷走了。即便没有被小偷偷走，由于你摸来摸去，那个兜最后被磨破了，金币掉了出去丢失了。

"墨菲定律"提醒我们：我们解决问题的手段越高明，将要面临的麻烦就越严重。当你妄自尊大时，"墨菲定律"会给你些教训；相反，如果你承认自己的无知，"墨菲定律"会帮助你做得更加严密。

世界是广泛联系的，任何事情往往都能牵一发而动全身。因此，我们应该尽可能把坏事情在发生之前杜绝掉，这是"墨菲定律"给我们的启示。面对人类容易犯错误的自身缺陷，我们应该尽可能想得更周到全面一些，尽可能地完善自我，采取多种保障措施，以防止偶然发生的人为失误，也就是说早做准备才能万无一失。

有一次，享誉世界的 IBM 公司邀请了著名的管理学家迈克尔·梅士肯为他们的员工做培训演讲。

IBM 公司派了代表专门前往机场迎接梅士肯。当这位代表接到梅士肯以后，便驱车前往会场。这时，梅士肯发现他们后面还跟了一辆 IBM 公司的车，于是问为什么。代表回答说："我们担心这辆车抛锚。"

到了会场后，梅士肯又发现主持人为他准备了两个麦克风，以防其中一个忽然失灵。甚至，IBM 公司还准备了另一个演讲人，以防梅士肯因事延误出席。

总之，几乎对于所有的不确定因素，IBM 公司都做了两手准备，以防意外发生而产生不良影响。

与 IBM 公司做法迥异的是，有些人在制订计划时，从不考虑意外事件出现的可能性，当意外真的发生的时候，手忙脚乱无法妥善处理，最终造成无法挽回的后果。

对待"墨菲定律"，在安全管理中有两种截然不同的态度。一种是消极，认为既然差错不可避免，安全工作就难有作为；另一种是积极，认为安全管理工作不能有丝毫放松，必须时刻提高警觉，防止事故的发生。后者的思维方式是我们的唯一选择，具体些说：安全管理的目标是杜绝事故的发生，而事故是一种不经常发生的意外事件，在一次生产活动中发生的可能性很小，在大多数情况下不发生，往往被人们忽视，产生侥幸心理和麻痹大意思想，这恰恰是事故发生的原因。所以，"墨菲定律"告诉我们，安全意识时刻不能放松，采取积极的预防方法、手段和措施，坚决消除意外事件，才是正确的态度和途径。

做好安全工作，对于管理者来说要充分发挥控制职能，对于具体从事安全生产的人员来说也要增强自控或约束能力。由于不安全状态具有突发性的特点，使安全控制职能不得不在生产活动之前采取一定的控制措施、方法和手段，防止事故的发生。而控制和预防的前提是要预知生产活动领域里固有的或潜在的危险，并告诫人们预防什么，以及如何去控制。

发挥"墨菲定律"的警示职能，变被动管理为主动管理。传统的安全管理，是在人们生产活动中采取安全保障措施以及在事故发生后，通过总结经验教训，进行亡羊补牢式的管理。当今社会，科学技术迅猛发展，市场经济的飞速发展导致有些人员的价值取向、行为方式不断变化，新的不安全问题不断出现，发生事故的诱因增多，传统的安全管理显然不适应了。为此，安全管理人员和从事安全生产人员不仅要重视解决已经存在的危险，还要清醒地、主动地、及时地预测和识别新的、潜在的、发展的危险，变事后管理为事前与事后管理相结合，变被动管理为主动管理，牢牢掌握安全生产的主动权、控制权。

六、推进"事前安全管理"模式的明智之举

当我们正确佩戴安全帽进入生产现场时，会有一种安全感。因为安全帽可以有效地防止一些意外事故对我们头部造成的伤害。然而，什么才是为我们生产活动提供保障的"安全帽"呢？近年来，全国发生多起安全事故，其深层次的原因主要是安全预防工作没有做到位，例如，人员意识淡薄，违章作业和安全防护工作没有做好等。由此可见，安全生产的事前安生管理非常重要，这是做好安全工作的"安全帽"。为此，下文介绍一些单位成功的经验。

把超前安全管控列入"二十四节气表"。电网企业的设备点多、线长、面广，没有围墙，融入四面八方，安全生产与气候环境有很大关系。"二十四节气表"反映季节变化、象征温度变化，反映降水量、气候现象、农事活动等，据此农民有二十四节气农作规律，知道什么节气该干什么农活，该种什么，该收什么。例如，"到了春分忙耕种，家家户户无闲人"

"谷雨前后，种瓜点豆""小暑大暑，淹死老鼠"。为此，电网企业借鉴这一规律，编制安全生产的常态工作，很多单位在编制"二十四节气表"时，遵循地理、气候、人文规律，把握工作季节性、重复性特点，超前预定全年常态工作时段和内容，定时做好安全防事故工作。有的单位结合当地特点，按时节精准组织生产，提高人财物等资源与环境变化的契合度。有的单位以"二十四节气表"工作内容为蓝本，编印了备忘录形式的工作月历。有的单位在内部网站做了"二十四节气表"专题，月度重点工作一目了然。实行"二十四节气表"后，电网企业的春检预试、迎峰度夏、秋检预试、迎峰度冬等季节性、时段性的主要安全工作安排有序、责权明确、主动高效，保证了安全生产的健康发展。

把安全工作的核心定位于一个"早"字。某供电公司在设备老化严重、保障任务重、安全风险大的情况下，连续多年保证了安全，经验之一就是把安全工作的核心定位于一个"早"字，立足于超前防范。一是安全责任"早"落实。每年召开的第一个大会是安全工作会议，印发的第一个文件是年度安全管理的目标和措施，公司领导与各单位签订的第一份责任书是《安全生产责任书》。二是作业标准"早"规范。提早编制《标准化作业指导书》，从工作和操作流程上规范作业行为，强化安全管理。同时还制定并实施了标准化作业"八到位"，包括作业文件及预想编制、材料及作业用具、措施及工艺标准学习、作业程序及技术标准执行、现场设施及用具摆放、安全防范措施落实、文明施工及后勤保障、质量反馈跟踪等方面，提升了安全管理水平。三是现场违章"早"纠察。组成反违章纠察队，采取现场监督、定期巡视、随机抽查的方式，大力开展现场防治人身伤害和误操作事故专项纠察。其中一个年度，就开展现场纠察1000多次，检查工作现场500多个，对发现的50多项违章全都进行了纠正和整改。四是安全文化"早"渗透。积极利用培训、短信、亲情文化等柔性激励手段，使安全渗透到员工的工作和生活里。五是运行方式"早"安排。做到计划安排与风险分析同步，预警与预控同步，宣传与落实同步。六是隐患排查"早"入手。七是先进应用"早"装备。八是应急管理"早"准备。在每年进行应急演练来检验多部门应急协作机制和处置能力的基础上，还与地方政府一起进行大停电应急综合演练。

把防线前移到安全警报之前。某单位针对某些职工认为不重要的操作和习惯，但可能会影响安全生产的问题，采取"事故设想"的形式，组织生产一线班组在班前会、班中讨论等，开展对隐性"危险源"的分析；针对下一步要开展的生产工作，进行"事故设想"，打"预防针"，改进预防措施，从而提升处理险情的能力和对事故的控制力。

某公司推行了行之有效的"把违章控制在出工前"的工作制度。安全监察质量部门人员当起"守门员"，工作日早上上班前，把守在公司进出通道，对工作票、施工作业票、安全工器具、施工机具等进行检查，对不合格的票面和工器具进行整改，必须修改或更换合格后方能出工。同时，对员工当天的工作任务、安全风险等进行面答，减少现场人员的思想隐患。

某供电公司编制了作业安全风险分析预控卡，细化作业现场安全管理。他们细化了标准化作业中的注意事项，提示容易出现的各种违章行为，按现场情况填写。该预控卡作为工作票、操作票的补充，与"两票"编号一致，施工人员作业结束后，与"两票"订在一起保存。使用预控卡既对现场作业安全进行提示提醒，又可以实现违章追溯，激励作业人员严守规章，树立确保工程安全与质量的务实作风。

某煤矿编制职工危险源预知手册，为职工安全增添了"护身符"。职工常年工作在井下，对井下五大灾害的危害、苗头、变化最了解，为了把这些个体的、局部的、一时的发现变成整个集体的注意事项，他们开展了危险源预知知识的收集、整理工作。同时各单位分别组织职工对矿井各个角落的隐患进行拉网式大排查，共查出近400处危险源。然后，他们分门别类编制成《矿井危险源预知汇编手册》，作为班组安全培训教材。该手册可以指导职工及时发现各种隐患的征兆，提高了职工自我保护的能力。

某检修车间开展"排雷"大会，辨识危险点活动。他们认为，"要安全，先排雷"，每月进行动态危害辨识活动，组织大家汇展"排雷"成果，找出一个个"雷区"，列入危险辨识清单。同时，配合开展每日危险点控制、每年全面辨识危险点活动，排除了一个个"雷区"，消除了一个个隐患。

把事前安全管理形成工作机制、制度。在安全生产中大家对出了事"挨板子"的事后问责习以为常，某公司针对隐患整改拖拉、"三违"屡禁不绝的问题，建立健全安全事前问责制，对履职不称、监管不严、措施不力，不及时整改，或整改不彻底的相关领导和责任人严肃问责，轻则罚款曝光，重则停职降级，用主动的思想、及时的行动、超前的防控减少事故发生的可能性。他们实行事前问责制以来，有效地把安全责任提前落实到各个部门、班组和岗位，安全隐患整改率由原来的80%提高到100%，呈现出人人重安全、主动抓安全的良好局面。还有一种做法是借鉴党的纪检部门对违规苗头的党员、干部实行诚勉谈话制度，对安全生产中有违章苗头者予以诚勉谈话，让征兆与苗头一出现就被发现，并予以提醒，让一些违章行为及早被纠正，其结果就大不一样了。

某公司积极构建电力设施保护长效机制，超前防控，确保电网平安。他们从开展形式多样的电力设施保护宣传，赢得相关群众的理解和认同着眼；从分析查找危险点和重点防控区，并将责任到岗到人着手；从强化属地保护，发挥村民自治组织的作用，科学安全开展山火扑救演练，有效避免山火对电网的不良影响着力，形成了立体布网，朝前防控的长效机制，避免了外力破坏和山火引发的跳闸及停电事故。

某企业要让普通职工成为安全生产这出戏的主角，建立了职工参与监督安全生产制度。该企业授予员工一把"尚方宝剑"：安全施工否决权，即在不具备安全施工条件时，有权拒绝进场；在安全隐患、安全风险没有彻底消除时，有权拒绝施工；在安全应急预案和安全应急物资不到位时，有权拒绝领导的施工安排。把对不安全情况说"不"的权利赋予职工，不仅有利于职工的自身生命安全，更有利于企业的健康持续发展；把安全施工的否决权赋予职工，增强了职工的责任意识、危机意识、风险意识和安全管理意识，人人都关心自己和他人的安全，才是安全施工的根本保障；将单纯的"自上而下"管理与"自下而上"监督相结合，将生产和环境安全的否决权交给那些身处一线可能面临危险的职工手中，在不可预见的安全风险层出不穷的环境下，他们做到了施工现场职工无一受伤，施工机械和其他财产无一损坏。

某航空公司积极推进事前安全管理模式。在创建全员参与的安全文化，创新安全考核机制、加强过程管控，探索科学的安全管控体系，构建多层级系统安全防护网等方面积极实践，全面推行以风险管理为核心手段的事先管理模式。"今天你看到河流的大坝没有垮塌，生命也没有被伤害，但你需要记住的是，也许是更大的洪水没有到来，也许是大坝的坚固度还没有衰减到一定程度，风险意识强弱决定了所谓意外事故的多少。"这成为公司员工牢记心头的一句话。

面对仍然严峻的安全生产形势，我们必须立足于未雨绸缪，真正做到"为之于未有，治之于未乱"，防患于未然，才能变被动为主动，保证安全发展。

第四章　组织实施上，
安全生产严于一切、实于一切

"严"字当头，"实"字托底，安全工作就能心中有底。

部队官兵有一句常说的话：从难从严从实战出发。平时用战时的标准管理部队，约束自己，发生战争的时候就能打胜仗。实际上，很多安全生产企业都形成了半军事化的管理风格，严格管理、严格要求、求真务实、注重实效，成为安全生产的宝典。

"严是爱、松是害，放弃严格事故来，松松垮垮害三代""保证安全最实在，弄虚作假是祸害"。抓安全必须严严实实，保安全必须求真务实，这是长期从事安全生产工作的工友们体会最深的一句话。

严和实的作风不是自生自长的，而是历练而成的。通常，人的惰性习惯容易使人随意，各种不正确的思想和社会上不良风气，容易使人严不起来，实不下去，给安全生产带来威胁。因此我们必须努力纠正各种错误思想，树立严于一切、实于一切的安全生产理念。

一、不能严爱脱节

教育孩子，大家都知道"严师出高徒，慈母多败儿"。就是说严格的老师能教出优秀的学生，而松懈的家长会摧毁孩子的一生。如果老师和家长都很松懈，那么这个孩子的前途让人担忧。有一个很聪明的孩子，小时候人见人爱，但由于父母过分的宠爱、溺爱，甚至包庇、纵容，最终用最优越的条件加上最过分的溺爱，把孩子"培养"进了监狱。这种不严格要求孩子的父母悔之晚矣。有个病人的脚部感染了一种少见的病菌，感染部位很快发黑溃烂并有迅速蔓延之势。医生出于治病救人的本能，提出截去病脚控制病情的治疗方案。可病人家属认为病人的病情没有那么严重，年纪轻轻的少只脚，非常不便，觉得医生会"害"了病人，不同意手术。可是过了一段时间，病人脚病向腿上扩散，病人家属这才勉强同意手术，而根据病情只能截病人的一条腿了。假如这位病人家属早些配合，失去的只是一只脚，看似"害"他，实际上是挽救了他一条腿，是尽力在爱他。类似这种"爱"和"害"转换的现象，在安全生产中照样经常见到。

一位年轻职工有图省事、冒险蛮干的毛病和违纪苗头，导致终身双拐为伴。如果在管理上尽早发现、制止并处罚这种行为，违章习惯可能被纠正，也许悲剧就不会发生。

有些职工，尤其是青年职工，爱听表扬，不爱听批评，被人"管"了、"说"了，就很不舒服，常常以讲客观问题而回避主观问题。从根本上来说，还是对严格管理不习惯，喜欢松懈些、自由些的环境，甚至非要尝些苦头才能认识到"严是爱、松是害"的道理。

有些安全生产人员确实认识不到"严是爱"的重要性和"松是害"的危害性，私心重，怕得罪人，怕丢"选票"，强调客观，推脱责任，这些观念在一定程度上助长了职工的违章行为。一旦安全上出了问题，当职工受到伤害，个人受到处理，才幡然醒悟，后悔莫及。所以：放松管理，害人害己，后悔莫及。一位线路工区主任深有感触地说："一瞬间，一眨眼，一会儿……都会出大事。当年我在试验所时，一次在一个开关站干活，活儿全干完了，送电了，才发现一个小金具没有刷油，几刷子的事。我同意了带电抹几刷子，结果……干活的小伙子一只胳膊没了，那年他还不到二十岁……"说着说着，他把握成拳头的手堵到了自己的嘴上……

不严，就会使制度失去制约性；不严，就会使安全生产缺乏执行力；

不严，就不能痛改不良行为；不严，就不能形成令行禁止的优良作风；不严，关爱职工就会成为一句空话。一次漫不经心的马虎，一次小小的迁就，可能就为一次事故埋下祸根。因此，在管理上，要大力提倡铁面孔、铁心肠、铁手腕，反"三违"、治顽症；除了各级管理人员，更需要广大职工的全员参与，及时发现并消除身边的安全隐患，形成严格规范、严格管控、严查彻改、严格处理的习惯，保持企业的安全、健康发展。

一位长期从事安全监察和事故分析的煤矿管理人员，平时是个没有脾气的好人，可工作起来"六亲不认"。一次，下属单位发生一起小工伤事故，带班领导是自己的亲大哥。按照规定，带班领导要被追究相应的责任，想到平时与自己亲密无间的大哥，他虽然感到像法官判亲人徒刑一样难受，也坚持按规定罚了大哥月工资五分之一左右的款。事后，大家都说他有点"冷"。慢慢地，大家包括他大哥又都对这位安全管理人员敬畏生命、对企业负责之举纷纷赞许。

与上面这位安全管理人员一样，某供电公司也是坚持严抓、严管不懈怠，反骄傲、反松懈、反厌倦不动摇，提出了"制度不执行等于0，制度不考核等于0，考核不扣钱等于0"的口号。在现场安全督察时，安检员发现有个施工人员虽然戴了安全帽，但没有将带子系好，便当即提出了批评，这位违规人员马上改正，并表示愿意接受处罚。最后，工作负责人和违章人员均被罚了款。他们的指导思想很明确，加大违纪违规打击和处罚力度，处罚不是目的，而是让大家都牢记规章，严格遵守纪律，从而保证安全。

2016年10月11日，某机场发生了人为原因严重事故征候。由于管制员违反规定，盲目指挥，险些造成两机相撞。虽然没有发生飞行事故，民航局却强调民航工作必须坚持飞行安全底线，对安全隐患必须坚持零容忍原则，严肃处分了主管、分管和相关责任的13名领导干部，吊销了当班指挥席和监控席管制员的执照，当班指挥席和监控席管制员终身不得从事管制指挥工作。这样的处理是严了些，但细想起来，这才是对民航安全的真正负责，是对乘客的真正负责，也是对受处理、受处分者的真正负责。民航局进一步要求全行业举一反三，全面排查隐患，绝不放过一个漏洞；要求空管系统坚持问题导向，盯住问题多发的重点区域、重点单位，切实落实安全领导责任、安全主体责任、安全岗位责任；重申规章底线和诚信红线，强调对组织违章、法人违章和管理违章，无论有无后果，都要严肃查处，完成监管闭环。

有一位工人班长，在两米高的操作台上进行操作时，没系安全带。结果，被安全监察人员发现，他被免了职，罚了款，还下岗进了培训班。通过培训，他认识到为自己、为家庭、为企业、为国家，无论什么情况、什么理由，都不能有任何违章。这次花钱买教训，自己和工友都会终身受益。

据史书记载，诸葛亮治军良方有"五斩"，其中之一就是我们现在想不到的"刀锈者斩"。每次出征前都要对将士的武器进行检查，发现有战刀生锈者就要被砍头。这项似乎不近人情的制度，却反映了诸葛亮的治军严厉，将士畏惧，平时及时磨刀霍霍，到了战时就刀光闪闪。这样一来，此后不仅没有一人因"刀锈而被斩"，而且个个奋力杀敌。诸葛亮把"严"作为治军之上策，用以打造威武之师、胜利之师。现在我们的安全生产工作其实也是这样。用从严治企打造遵章之企、安全之企。严的目的是预防、是救人，是保平安。只有严了，才能少"斩"或不"斩"；只有严了，"刀锈"才可以预防，事故才可以减少以至不再发生。不然，等到事故发生时，才发现是"刀锈"误的事，就为时晚矣！

二、不能弄虚作假

某人花了数万元从古玩店买了一件瓷器，请亲友们来鉴赏。没想到亲友中有一位特别细心的人，他捧起来观赏这件"古玩"时，发现其底部竟有"微波炉用"四个字。花数万元买了一件只值数十元的"古玩"，这位买家气不打一处来，当即去找古玩店老板讨个公道。

然而，古玩店老板是个造假的高手，对这件"古玩"被发现早就准备好了反击的理由：古玩店当初只是列出了价钱，并没有说明这件货品是什么年代的产物，故不能构成欺诈的行为，说白了只是这位买家没有看清楚又以为自己有眼光，认为这瓷器是"古玩"。

在市场中有利可图，就有弄虚作假的。有弄虚作假的，就有上当受骗的，这种现象经常会出现在社会生活、经济生活中。

安全生产中也存在着这样的现象，尤其是事故后的弄虚作假问题并不鲜见，而且其危害性也很大。

一切生产活动都应严格按照规程、规章、制度来执行，求真务实，不弄虚作假。这样就可以保证生产安全。有时可能弄虚作假暂时得手，但迟早是要出事的，作假者最终也会付出惨痛的代价。

一般说来，弄虚作假一是出于保护自己的本能，编造理由，蒙混过关；二是认为自己智力超人、手段高明，不会被发现；三是见到问题严重，便不惜代价，铤而走"骗"，企图绝处逢生。

总体看来，弄虚作假者大都因为工作业绩至上、个人面子至上和经济利益至上而出此下策。

1. 因为工作业绩至上而弄虚作假

近年来，各企业都把安全生产提到了新的高度，自上而下建立起严格的考核制度，对安全生产存在的问题在评先评优时实行一票否决制度。这本来是为了严格管理，推动安全工作健康发展的有效措施，按照这些要求改进管理、保证安全。可是有些单位变积极推进为消极自保，不愿暴露问题，在汇报、分析和总结工作时总是高度概括、遮遮掩掩，讲共性存在的、众所周知的问题多，讲本单位特殊的、潜在的、正在发生的问题少。

究其原因，不是安全工作说不清，而是安全工作不敢说。他们担心隐藏的安全隐患，一旦被上级发现就必须整改，整改需要占据他们的时间、精力，同时还会遭到上级部门的批评，甚至会影响今后的评先评优。

有的单位对小事故、小苗头、小隐患采取就地"解决"，或本单位"解决"的方法。

更有甚者，生产中出现了问题，就着力去宣传其中的好人好事等好的影响，对上、对外树立良好形象，却对问题原因、教训的总结，低调进行，无法引起相关人员的重视。

其实一些小事情、小隐患，只要举一反三、引以为戒，就可以避免类似事故的再发生。可是如果把单位、个人业绩而不是安全生产放在第一的位置，那么等待我们的将是"小事拖大、大事拖炸"的结果，这是大家都不愿看到的结果。

某市发生了一起煤矿瓦斯爆炸事件，实际遇难10人，对外、对上报为9人，其中1人采用冒名顶替方式被瞒报。原因是因为国务院明确规定，认定较大事故与重大事故的分界点为死亡人数10人。瞒报与官员畸形的政绩观密切相关，基层官员在升迁时，往往会面临因重大安全突发事故一票否决的情况，在这种压力下，有的官员抱着侥幸心理，将事故往下压。但事与愿违，该市委决定对负有责任的几位领导干部立案调查。

2. 因为个人面子至上而弄虚作假

韩国"岁月号"客轮船长不顾全船人员的安危，登上救生艇逃离，事后他的说法是：不慎跌入救生艇。这种让人嗤之以鼻的自圆其说，让这位声名狼藉的船长更加丢人现眼，脸面全无。

某煤矿煤与瓦斯突出事故遇难35人，矿难发生后，该矿带班领导用煤灰抹黑脸部之后假装在矿难中逃生。这位领导在矿难发生的第一时间，想的不是向上级报告灾情和协调组织救灾，而是以"迅雷不及掩耳"之速涂黑了自己的脸，又冲下井中，以与井下矿工共患难的"光辉形象"出现。

他为了保全形象而抹黑脸面的闹剧，最终结果适得其反，是真实地抹黑了自己的脸面，抹黑了作为煤矿负责人的基本良心和道德。再精明的伪装也掩盖不了漠视安全的本质，也救不了井下矿工的生命，安全生产靠的是敬畏生命的扎实工作，靠的是货真价实的努力。

为了脸面、为了推卸责任而弄虚作假，岂不是掩耳盗铃，越遮越丑、越描越黑？倒不如真诚来面对，这样错误反而小些，代价也小些。有一位曾在部队工作20多年的干部说了这样一件事：他年轻时参加一次保密会议，散会后匆忙接受任务，一直忙碌着。过了一段时间又被通知第二天参加保密会议，他忽然发现自己的保密记录本找不到了。那记录本是机密等级的，丢失了要承担后果，并视情况给予处理。为此，当晚他急得团团转，到处寻找。几个要好的战友见此就出主意：就向上汇报说上次烧废纸时，不小心烧了，我们几个可以做证。这个主意对他是个安慰，也不失为一个蒙混过关的办法。但是他经历了一晚上的思想斗争，觉得对组织、对上级还是要坦白。于是第二天一早，他就打电话向上次主持会议的领导汇报保密本丢失的问题，没想到一个意外的结局出现了：领导在严肃批评他保密观念不强的问题之后，告诉他保密本现在在这位领导手里。原来，上次会后，他匆忙离开，保密本遗落会场，被这位领导收起。他是又惊又喜又羞愧难当，假如弄虚作假了，这位领导拿出替自己保存的保密本时，自己要如何辩解？自己平时对组织忠诚老实、对工作认真负责的形象是否会因这次撒谎而失去？

他的这次经历虽然说的是保密安全，但对于我们组织生产活动同样有启示作用：靠虚假抓安全，迟早要出事；用真实抓安全，心里最踏实。

3. 因为经济利益至上而弄虚作假

某市9年发生10次矿难，其中6次属于非法生产，最严重的一次煤尘爆炸事故，死亡171人。矿难的频繁发生揭示了安全生产存在许多丑陋行为。为了追求利益，越界，私自开采；对安全生产轻视甚至任意践踏；虽经多次查办，却依旧想方设法违规生产。这种为了经济利益，不顾一切所造成的严重后果，是很值得我们深思和下决心痛改的问题。

矿难瞒报问题的发生，很重要的一项原因是矿方和地方政府都将遭受巨大经济利益的损失。煤矿发生事故后，矿方交纳的安全保证金将被没收，有关证照要被吊销，矿井将被勒令关闭，数千万元的投资难以收回，矿方还将面临巨额罚款。一位业内人士透露，一个小煤矿发生死亡5人以上的事故，可能面临近亿元的高额损失。所以出了事故，有的矿主为了隐瞒，会对遇难者、伤者给予高于国家标准的赔偿，还对相关环节进行费用封口，把用金钱开路作为一瞒再瞒的主要手段。对于地方政府来说，也存在煤矿停产对地方经济带来的影响等纠结问题。经济利益是我们都关注的问题，经济指标是一个地方发展的硬指标，但决不能因此放弃或削弱安全生产的管理，那样把"人命关天"放在一旁的经济发展，把"带血的煤炭"作为政绩，是我们不能容忍的作为。既然知道事故带来严重的经济处罚，为什么不在预防上下功夫，却在弄虚作假上下功夫？对这类弄虚作假者，不管是谁，都要依照法纪、政纪、党纪进行查处，使之回到依法生产、安全生产的健康轨道上。

2011年6月，美国俄勒冈州波特兰市一位男子凌晨回家途中尿急，遇到一个水池，便方便了一下。但他做梦也没有想到水池是该市的自来水蓄水池，监控人员立即报警，他被赶来的警察逮了个现行，水库管理人员立即报告水库长。一种意见认为，此事没人看到，只要我们不声张，不会有人知道。另一种意见认为，世上没有不透风的墙。随后，此事报告到市里，市里召集相关部门开会研究。有人说，尿液在水库里稀释后，污染率几乎为零，而抽干这些水大约需要3.6万美元，再者知道此事的人不多，撒一个谎，应该可以蒙混过关，如果停水反而会搞得人尽皆知，将有损政府的形象。但反对意见认为用水里曾经有尿液，难以想象，用这种水做橘子汁会是什么感受？这不仅是钱的问题，而是我们政府工作态度的问题，是对市民彻底负责的问题。最后市长决定，全部抽干，重新蓄水。市民得知后，纷纷拥护这一决定，认为政府是负责的、可以信赖的政府。不弄虚作假，认真负责、求真务实的做法，以及经得起检验的结果，也正是安全生产所需要的。

三、不能笃信经验

对于人生而言，经验往往是前人或自己用辛劳、生命和智慧积累起来的宝贵财富，是用金钱买不到的东西。但是笃信经验，完全凭经验办事，有时非但不能成功，反而会把事情办得更糟，甚至造成无法挽回的损失。

西伯利亚野兔本来是靠小心翼翼和快速奔跑的能力在强手如林的森林里生活，可它却容易犯经验主义的错误。这种野兔在第一次穿越某片雪地的时候，会特别小心，以防不测。但是一旦走过一次后，没有遇到危险，野兔就会自信地认为这条路永远是安全的，再走这条路时，就放心大胆地沿着上一次的足迹奔跑。狼掌握了野兔的这个特性，只要看到雪地上有新的野兔足迹出现，就悄悄隐藏在旁边的树林里，等野兔出现就一跃而起，将其捉住。众所周知的守株待兔故事里的农夫也正是犯了经验主义的错误。西伯利亚的野兔因为凭经验而丢了性命，农夫也因为只凭经验办事而留下了笑柄。

还有一则寓言故事：一头驮盐的驴子，感到盐很重，经过河道时在河边不慎滑了一跤，倒在水里，背上的盐有的溶化了。驴子站起来时，感觉轻松了许多，非常高兴，以为获得了经验。后来，有一次驴子驮了棉花，以为再到河里跌倒可以减轻重量，于是便主动倒在水里，可是棉花吸水后重了很多，驴子不但站不起来，而且一直往下沉，直到被淹死。驴子的教训告诉我们不要过分依赖经验，偶然获得的经验并不可靠。

据《工人日报》2016 年 5 月热点观察报道：海南洋浦 1900 多艘渔船

中，安装北斗卫星导航系统的不足两成，凭经验出海致沉船事件屡现。

2016 年 4 月 11 日，雷雨大风造成洋浦海事辖区的 6 艘渔船翻沉，17 人遇险，其中 3 人遇难，5 人失踪。这是过去几个月里，海南发生多起沉船事件中的一起。

61 岁的老黄，是遇险渔船的幸存者。捕鱼世家的他自幼打鱼经验丰富，因为家里电视没信号，只能凭借经验出海，没想到却出了事故。他也知道，像自己不足 20 吨的小船，只能近海捕鱼，大家基本上都是靠经验来决定当天是否出海。

老黄说，他的船离岸 30 海里后，手机就没信号了，在近海就靠收音机，到了远海北斗卫星才是最牢靠的，它不仅能发送天气预报信息，还能定位，如果遇险，系统也能搜到具体位置，向周边船只发出求救信号。

所谓经验，是从已发生的实践活动中获取的知识。经验体现从事某项工作的熟练程度，经验不足往往难以胜任工作，但绝不是有了经验，安全工作就有了保障。满足于个人狭隘经验，把局部经验误认为普遍真理，不去具体问题具体分析，生搬硬套，肯定是行不通的。

某供电所高压电缆班班长，在一次测试电缆相序工作结束后，去拆室内变电站电缆头的短路线。按规定应该有监护人，还要带手电筒照明。但是，他过于相信自己的经验，独自一人摸黑走进变电室去拆短路线。由于摸到带电引线，当即触电摔倒，幸亏抢救及时，没有造成死亡。

有位老师傅在给变压器喷漆时，由于该工作他干过多次，再加上设备装有安全保险装置，在气泵启动，喷枪截门打开，不见有漆喷出来时，他认为是气压不足，继续加压，直到一声巨响，发生气罐爆炸事故以后，才如梦初醒。原来是因为安全阀失灵和气门阀堵塞引起的。

在安全生产中发生的事故，有许多都是凭经验出的问题。在生产过程中，有的员工不按照规程操作，凭经验简化了程序，还把这些经验当作宝典。殊不知，在这些违章操作中，可能一次两次没事，但在特定的条件下，仅凭经验进行操作很有可能就会引发事故。

从根本上来说，安全规程等规章制度是安全生产最坚实的保障。

其实，在实际工作中，丰富的经验加上对人员、设备、气候、环境等不断变化的新情况的分析，才可以把工作做得更好。

有的单位根据实践经验，把本单位发生的事故进行认真分析，绘制出因果图，挂在醒目的地方，以便经常提醒员工引起重视。有的单位依靠大家长期积累的经验，对即将进行的工作可能会发生什么问题，进行事故预想。一般是在开始工作前，由班长或工作负责人组织全体人员，针对现场作业的实际情况，认真分析和思考可能发生的不安全行为和物品、环境的不安全状态，共同研究防止事故和意外情况发生的具体措施，同时使现场工作人员对可能发生的事故引起思想上的高度注意。各生产单位注重依靠成功、成熟的经验，集中大家的智慧，组织运行人员进行反事故演习，通过设想发生某种事故进行模拟操作演习，增强运行人员处理和预防事故的能力。有的单位组织有丰富实践经验的工程技术人员、工人等，对某一类作业可能造成事故的多种原因进行预想，形成各类作业的安全确认票，要求工作班在现场工作中逐项完成确认票中所列的内容，即消除可能造成事故的各种原因，从而使事故发生的可能性降到最低。

四、不能轻视教育

安全教育是软指标，很容易形成磨嘴皮子、讲空话的现象。客观上讲，安全教育与直接抓安全生产的具体工作相比，确实是"软"的。实际上，安全生产工作与安全教育工作是一个整体的不同部分，要将二者结合起来软硬兼施，不顾此失彼，方能达到安全生产的目的。

人都是有思想的，思想又是行动的先导。一些不安全问题的发生，表面上看是违章等原因，实际上还有人的思想和情绪方面的问题。可能因为某些原因，思想就在这一瞬间开了小差，事故就发生了。有些单位发生的事故，表面上看来是具体工作上的事，但也折射出具体工作影响思想，思想又影响具体工作的隐患。安全教育工作存在着喊口号、学习走形式、无有效性内容等现象，处于可有可无的状态，久而久之，员工的安全意识淡化，直接影响安全生产。所以，安全形势好的单位都是既重视安全工作，又重视安全教育，二者相辅相成，共处一体，形成了保证安全的整体合力。

1. 空谈变务实

纸上谈兵是安全教育不受欢迎的原因之一。战国时赵国名将赵奢有个儿子叫赵括，自幼受家庭环境影响勤学兵书兵法，谈起兵法来连父亲都难不住他。后来他接替名将廉颇统领大军，在长平之战中，只知按照兵法来布阵，却不能够结合战场实际战况来变通，结果被秦军打败，使当时还强大的赵国元气大伤。

这种纸上谈兵的问题在一些基层单位也有类似的表现：有的员工考试成绩优秀，相关知识、制度也背得滚瓜烂熟，但对现场的风险和隐患却辨识不清，难以担当处置突发事故的重任。这其中一个重要的原因就是，安全教育停留在书本上，没有和生产急需的工作紧密结合起来，缺乏针对性。这就需要把教育的着眼点放在生产实用上、放在联系实际上。一方面，教育者要深入实际调查研究，找准问题，使教育有的放矢，另一方面，增加应知应会方面的内容，通过多种形式的现场培训，使员工手脑并用，实践出真知，从而提高实战能力。在安全宣传上也要注重实效，不停留在喊喊口号，贴贴标语、发发传单上，而要着力把宣传的内容传递到宣传对象的心中，使之可感、可知、可操作。

2. 高雅变通俗

某单位在工地举办了一场安全演讲比赛，获得一等奖的不是"笔杆子"，不是专管人员，也不是高学历人员，而是一位农民工，靠的是一段既通俗又有感染力的安全快板拔得头筹。该评比结果大出选手们的意料，论稿件的严谨和用词生动，论演讲的专业水平，他都不是最好的，为什么他却得了第一？评委的答复是：贴近生产，通俗化，听众反映也是最好的。过了一段时间，其他选手演讲的内容都销声匿迹了，只有这位农民工的快板在生产一线流传开来。实践证明，评委的意见是对的，通俗化更接地气，更有生命力。尤其是在生产一线的安全教育必须想员工之所想、帮员工之所需，既要说到"理"上、说到"点"上，又要说到员工心里，引起共鸣，起到启示、引导的作用。

某输电车间长期保证安全生产，很重要的一个原因是该车间主任重视安全教育，而且善于从搞好教育入手保证安全。在艰苦、危险的环境下，该车间线路点多、线长、面广，长期分散作业，但却较好地保证了线路和人员的安全。该车间主任注重"抓教育统一头脑、用头脑统一行动"。一次他针对员工接受不了严格管理的问题，组织了"宁愿听骂声、不愿听哭声"的教育，使员工认识到安全生产管理的重要性，从而自觉调整好自己服从管理、遵章守纪的行为。还有一次，他针对员工想找关系干轻松、危险性小的工作的倾向，集中进行"关系与安全"的教育活动。在教育中，不遮遮掩掩，把大家的想法、要求与生产车间的安全发展要求联系在一起，摆事实、讲道理、查危害、提要求。有一段话让人记忆犹新，他说："说关系，大家都有关系，没关系也可以找关系；都有背景，没背景也可以找背景，但是如果生产车间讲关系、看背景就没法正常开展工作，都有关系咱就都不讲关系，都有背景咱就都不靠背景，请大家体谅和理解。但有一条请大家相信，保证你们和车间的安全是对你们关系和背景的最大照顾，只要你们和车间一起努力就一定可以做到！"他的这番话引起了员工的共鸣，也使车间形成了不靠关系踏实工作、尽职尽责的好风气。

3. 抽象变具体

某铁路工务段针对汛期中，连续发生几起防洪安全事故的问题，为吸取教训，在全段开展为期一个月的防洪安全案例警示教育。

对该段来说，没有加紧巡查，错过了及时发现和应对的机会，有防洪风险防控不到位、措施不力的责任，使职工人均收入减少 2000 元。这次教育在介绍事故过程、责任、分析原因、吸取教训的基础上，重点组织职工细算"安全经济账"。他们把人均损失 2000 元收入的缘由一笔一笔给职工算：按照考核办法和处理决定，一是扣掉全段与安全挂钩工资的 50%，人均 300 元。二是出此事故，该段在工务系统月度排名倒数第一，扣掉安全挂钩奖的 5%，人均 30 元。三是取消季度评估资格，人均 300 元。四是根据安全经营考核奖励的规定，人均损失 1300 元。以上几项扣款共计 231 万元，人均 1930 元。

该工务段从职工最关心的收入问题入手，把职工的经济损失情况公布给大家，使大家明白一个最直白的道理：发生事故，最严重的要付出生命健康的代价，最轻也要影响大家的经济收入。这样做比通常的说教式教育效果要好得多。

4. 单调变新颖

某单位针对员工对安全教育有厌烦情绪的问题，注重创新安全教育活动形式，开展了有特色的教育实践活动。组织员工将枯燥的安全知识学习换成多媒体课堂教育，将书本学习内容搬到现场进行模拟训练，变普通的安全知识问答为安全知识对抗，组织安全技能擂台赛、我的岗位操作我来讲、安全细节知识宣传等活动，使安全教育活动常搞常新，提高了员工参与教育活动的积极性。

有的单位推出安全教育微电影活动，发挥员工的聪明才智，将之前发生的事故案例，自编、自导、自演、自拍了一系列员工喜闻乐见、生动感人的安全微电影。分期分批组织员工收看，教育效果明显。

有的单位聘请名誉安全员，讲述自己对安全的看法和发生在身边的故事，像拉家常般地嘱托，让员工深刻认识安全的重要性，并自发组织班组安全会等安全监督小组。

有的供电所改变宣传教育就是喊口号、发传单的传统宣传方式，而是采取农技专家授课的方式进行宣传教育；还将供电安全知识用趣味文字包装，编写成快板书，通过朗朗上口、有节奏的韵律唱词，不仅给农忙中的农民带来了欢乐，而且有效地宣传了安全用电知识。

以上这些单位的做法，说明了搞好安全教育的确需要变单调为新颖，只要贴近实际、注重实效、多动脑子、多想办法，就会收到不一样的效果。

5. 单一变系列

运用系统化的工作原理，厘清安全教育的层次和重点，分别从组织教育、自我教育、家庭教育三个层次和班前会、工作现场、工作休整、班前嘱托、亲情短信等方面入手，组织系列安全教育活动，形成层次分明的安全教育氛围。

例如：建立安全警示教育室，组织员工参观。编制《典型事故汇编》作为日常学习素材。汇总现场各类主要违章并制成违章图片组织巡展。举办"历史上的今天——事故回顾"活动，引起员工对安全重视的共鸣。制作《隐患排查整治典型事例》《重大事故案例剖析》《讲述身边的安全故事》宣传片，通过播放或挂网，为员工敲响安全警钟。某公司在专题调研的基础上，围绕年轻人的兴趣爱好、生活习惯，制作了以暑期安全用电为主题的电力四格漫画系列，得到了社会的广泛认可，该公众号被当地微博、微信、网站和教育系统大量转发，成为一个精彩的安全教育平台。

6. 说教变体验

某单位在改进安全教育中注重实行体验式安全教育，花巨资建立"安全体验馆"。分层级地组织企业管理人员、班组长、班组成员、农民工进行安全体验。在"高空坠落"体验中，尽管下面铺上厚厚的防护垫，但还是让体验者如临其境地"吓了一跳"。在"急救"防护措施上，"假人"由电脑控制，让员工体验处理紧急情况，不仅让员工学会了怎样救人，也学会了自我防护知识。

某单位组织的交通安全教育反思会，也用"身临其境"感染员工，他们准备了交通事故的视频录像，通过再现一桩桩惊心动魄的违规操作后果，让员工在阵阵惊叹的揪心中牢记驾驶车辆安全无小事的安全警示。随后，他们在讲板上贴上案例现场模拟图，对近期几起交通违规操作案例进行点评，使员工一目了然，将注意事项和防范措施牢记心间。

为切实增强员工的安全风险意识，某单位开展了安全案例回顾活动，让员工写出亲身经历的最可怕的、听到最危险的、看到最惨烈的事件上交，公司整理、编辑成安全剧本进行播放，这些亲身经历的"生死时刻"编写成的震撼人心的剧本，让人看后过目难忘，员工的议论也持续升温，纷纷表示今后一定要严格遵守安全规章，决不能拿自己和同事的性命开玩笑。

五、不能华而不实

安全最忌讳的是搞形式主义，但安全又很容易搞成形式主义。这里面有复杂的原因。

第一，上级单位了解并掌握企业基层单位的情况，往往是以听或看汇报为主，检查、抽查为辅的方法进行。从时间上看，这些上级单位最多拿出了三分之一的时间下基层，这些时间还远远不够；从分布来看，很多基层企业都有若干个现场或工作点，有的基层上万个站点，不可能一一走过来，只能找几个有代表性的典型、标杆看一看。既然汇报是"写"出来的，难免就有"笔下生花"；既然典型标杆是"树"起来的，难免就有"精美包装"。

第二，领导机关只从自身角度安排工作，就可能与基层实际脱节，一些基层不得不以"假大空"来敷衍。某单位的一次调查问卷，不管问卷设置的问题是什么，有很多人的答案从头到尾都是 B。原来那天已到了下班时间，有的为了早点下班，就顺手乱答一通。本来，问卷的设置是为了贴近群众、了解真实情况、破除形式主义，但不解决实际问题的调查问卷，却从避免形式主义的载体变成了新的形式主义表现。"买椟还珠"中的那个空盒，没有盛放宝珠的盒子，再华丽精致，也就是个盒子。把形式与内容割裂开来，或者只看形式不讲实效，其结果又回归到形式主义上来。

第三，名利思想导致形式主义。导致形式主义的原因之一是贪图虚名、不务实效，功利主义的私心是滋生形式主义的温床。很多员工在汇报工作情况时，热衷于大篇幅陈述所取得的成就，问题与不足则只有寥寥数语。在本单位出现矛盾和问题时，不主动向上级汇报，以避免受批评和承担责任。用形象工程、面子工程换取"印象分"。

第四，漂浮作风。员工工作时在表面上漂浮，不愿做艰苦细致的工作；抓工作满足于广播上有声、报纸上有文、电视里有影；贯彻上级指示和学习外单位经验照搬照套，不切实际。

第五，社会历史根源的习惯和传统文化负面影响。眼睛向上，做样子给上级看，把对上负责看得过重而轻视对下负责，抓形式实，抓安全虚。不少形式主义与上级部门落后的领导方式有关。官僚主义引发形式主义，形式主义助长官僚主义。官僚主义高高在上，不做深入的调查研究，喜欢轰动效应。形式主义一套花拳绣腿、不求实效的作风，迎合了官僚主义好大喜功的虚荣心理。

必要的形式是推动工作落实的客观载体和不可或缺的重要手段。安全工作、安全活动都需要通过一定形式来体现其内容。不管是安全文化活动、竞赛活动，还是"安全月"、安全大检查活动，都是一种来推动和承载安全的载体，也都是一种形式和内容上的统一。如果只讲内容而不通过必要的形式，通常也达不到安全工作的目的。但形式必须承载相应充实的内容，以内容为主，才能避免形式主义的滋生。因此，在安全工作上要想走出形式主义的怪圈，有几方面需要注意：

1. 把功夫下在内容变化上

在内容与形式这一对矛盾的运动中，内容是不断变化的，形式则是相对的稳定。如果不扎扎实实做工作，把立足点放在解决问题上，再好的方法也会变为走过场的形式主义。比如每年搞一次"安全月"活动，适时开展安全大检查活动，其主旨是在平时抓安全、查安全的基础上，针对逐渐积累的不安全行为，集中时间和人力大抓、大促安全工作。"安全月"、安全大检查的形式相对稳定，但方法、手段却是不断发展的。要适应不同单位、不同人员、不同工作、不同环境的具体情况，在实际、实效上下功夫，才能做到形式和内容相统一。

在检查期间一些单位会组织人员召开安全大检查动员会，强化安全意识，扎牢本岗位工作中的"安全篱笆"；并组织各相关人员到生产现场大检查，严格细致地查设备隐患、人员违章、安全规章制度的执行情况等，对发现的突出问题和带有倾向性的问题进行通报。

2. 把功夫下在内容回归"原点"上

形式要为内容服务，内容则要回归"原点"。集中一个月开展"安全月"活动，突出抓安全，不搞宣传，其原点是学规章、查问题、敲警钟、学技能，强化认识，提升安全工作水平。学习安全工作的先进典型和样板经验，不是面子工程、口号工程，其原点是以点带面，引领和带动本单位安全工作的整体推进。传达外单位安全事故通报，不是听听故事，其原点是引以为戒、举一反三，防止类似问题在本单位的发生。组织安全演习，其原点是针对各种突发情况有预案、有体验、有准备，不打无准备之仗。回归"原点"，必须大力倡导务实的精神，在安全工作中力求化繁为简、去伪存真，抓住事物最本质和最基本的联系，把复杂的问题简单化，把虚假的东西真实化，还原安全工作的本来面目。

2016 年 4 月中旬，某省电力公司主要负责人率队开展春检督查。查看了几处施工现场和一线班组的春检工作后，随机抽取了 7 名管理人员和 3 名一线班组长做春检问卷调查。

"你的岗位主要有哪些安全职责？"

"你们单位什么时候开始春检的，有你们单位领导带队到你们班检查吗？你们班的春检主要检查了哪些内容？发现了哪些问题？你们怎么整改的？"

"你认为在你的工作区域范围内，目前哪些环节可能还存在安全隐患？针对这些隐患，你有没有更好的建议来防范安全风险？"

"你们班多长时间搞一次安全学习？在近期的学习内容里面，你印象最深的是什么，你有什么体会？"

这些看起来不需要多想的题目，"考生"的答题表现却不尽相同。有的下笔痛痛快快，有的似乎有点吃力，有的还需不时向同事请教。

一位"考生"说：自己第一次遇到这种形式的春检督查，春检、秋检每年都开展，大家很容易产生每年都一样的想法，通过这种问卷调查，春检是不是在走形式、走过场，一目了然。

以第一题"你的岗位主要有哪些安全职责"为例，有 3 人给出了完整的答案，其余 7 人均出现缺项，有的甚至将岗位业务职责和安全职责混淆。这些暴露出个别员工对"一岗双责、管业务必须管安全"的概念理解不深的问题。

调查结果显示，能准确回答出自身岗位安全职责的 3 人，答卷整体得分最高。这说明能意识到自身岗位安全职责的人员平时也在认真开展安全管理。

附带着多项整改建议的问卷调查分析报告很快反馈到上级供电公司，一石激起千层浪，该公司对照整改建议，从安全基础管理到现场安全管控，逐项开展检查。

3. 把功夫下在发现解决问题上

针对仅凭经验评估的考评方法不易得出真实结果的问题，增加"数字裁判"。也就是说既"听""看""问""查"，又根据安全生产的实际需要，运用信息技术和科学手段，建立"数字裁判"，通过科学准确的评估，将作风不实、形式主义的问题有效遏制。

某单位反对形式主义，求严求实抓安全的做法更是"前卫"。他们的安全工作汇报总结，把通常放在最后的安全问题放在首位。总结的第一部分是找出存在的问题，第二部分讲述主要工作成绩，第三部分明确下一步打算。该总结汇报与一般的总结汇报内容顺序截然不同，颠倒恰恰体现了安全工作重于一切的特点。

通常的汇报总结都突出成绩、经验和做法，篇幅长、下功夫多，而对于问题部分，则是简单，甚至抽象概括，这就很容易以成绩掩盖问题，助长满足现状的风气。把总结的顺序调过来，就必须找准问题，对怎么解决问题也必须拿出切实可行的对策。安全是重中之重，安全要万无一失，只有对本单位存在的问题有清醒的认识，才能以未雨绸缪的状态防止事故的发生。及时发现和解决存在的问题，而不是"小问题拖大、大问题拖炸"才去解决，对于安全工作来说远比对取得的成绩的肯定要重要得多。

经验丰富的安全管理人员都有一个共同的认识：很多时候，抓安全工作就是不断去查找存在的问题，化解隐患问题的过程。坚持把问题放在第一位，把成绩放在第二位的做法，正是应了那句老话：成绩不说跑不了，问题不说不得了。

六、不能疏忽大意

1. 不做"差不多先生"

1924 年著名学者胡适创作了一篇传记体裁寓言《差不多先生传》，讽刺了当时中国社会那些处事不认真的人。这位"差不多先生"，信奉"凡事只要差不多就好了"——买红糖买成了白糖，都是甜的无所谓啊；把

"十"写成"千",就一小撇差不多嘛。"差不多先生"在临死之前还在断断续续地说："活人同死人也差……差……差不多,……凡事只要……差……差……不多……就……好了,……何……何……必……太……太认真呢?"

这位"差不多先生"实在差得太多,我们搞安全生产的人当然不赞同"差不多先生"的言行。认真,即行事切实,不马虎,不苟且。《玉篇》释,认者,识也。也就是说,干事要切实,首先要解决思想认识的问题。思想支配行动。不论做什么事情,要在思想上确立一个老实的态度,搞清楚事情的来龙去脉,一丝不苟地把事做得仔细。《韵会》释,真者,实也。与伪、假相对。干事不苟且,就是要把事干实,全身心投入。认真,是做好安全防事故工作的一大法宝。

有一年的七月份,天气异常炎热,当时空调没有普及,某供电公司领导带队到各基层班站检查安全工作。一天中午 2 点左右来到一个变电站,只见大门紧闭,站内没有一点动静。随行人员中的一名年轻人翻墙入内,打开大门后,领导让女同志稍候,几名男同志悄悄进入值班室,却看见值班室空无一人,旁边宿舍里开着门,值班人员赤条条地呼呼大睡。这种不严守岗位并且不文明的行为,让检查组非常意外。把值班规则丢在一旁,擅离职守,哪有一点安全可言。一位检查组成员说,领导检查安全是一丝不苟,却遇到了值班人员一丝不挂。这成为笑话传开了。虽然公司后来针对检查中的问题加大整改力度,但不认真、不严肃的问题不可忽视,也值得深思。

最短的"木板"有可能漏光整桶的水。"差之毫厘,谬以千里"。只有时刻保持一丝不苟、兢兢业业、如履薄冰的状态,坚持白天和晚上一个样,领导在场和不在场一个样,好情绪和坏情绪一个样,有检查和没有检查一个样,工作忙与不忙一个样,才能一扫马马虎虎、得过且过的不良风气,确保安全"不走样"。

2. 隐患"随后再说"要不得

人们往往对火烧眉毛的隐患急于除之，但对一时半会儿并无大碍的隐患却搁在一旁，"随后再说"的现象值得注意。设备与人一样也会"生病"，人们往往对大病、急病、症状明显的病急于救治，但对小病、慢性病、潜在的病往往拖一拖再说，有机会、有时间、方便了再去医院。从道理上来说，有病早点医治是大家都认同的道理，但落实起来却不那么容易。思想上不重视是主要原因，结果有的病后来严重了，甚至错过了治疗的最佳时机，自尝苦果。安全问题亦是如此，设备有了隐患，有了潜在的危害，自身又没有自愈功能，本来芝麻大的问题，拖来拖去，可能悄悄发展成危及安全的大问题。

某单位推行隐患公示的做法值得提倡。他们将查出的隐患在公司、部门和相关生产车间、班组公示，督促责任单位建立一患一档案，明确排除时限、措施和责任人，做到排除一个，销号一个。档案资料除文字记录外，还对隐患排除前后的影像资料同时留存。这样，规范工作流程、实行闭环管理，做到了每个隐患可显示、每个过程可追溯、每个结果可核查、每个责任可追究，杜绝了弄虚作假和久拖不为的情况发生。

"把小事当大老虎来打""不轻易放过任何安全隐患"，已成为某输电公司的一种习惯和原则。有一次，该公司发生跳闸故障，经过巡视发现原因是风偏对铁塔放电所引起的跳线，这是孤立的偶然事件还是普遍现象？公司领导和技术员经过对故障点的认真分析，发现了该铁塔的主体设计存在安全隐患：跳线弧垂设计过大，大风时风偏距离不够，易引起跳闸。很快，一份详尽的处置意见上报了，引起了专家们的高度重视，经过实地调查，共发现存在设计缺陷的耐张塔17基。随后他们在技改中采取了更换和加装等措施，将这一安全隐患彻底排除。

3. 没有"好像是"

一位标兵班长对待工作极其严格。一位新员工回答班长问题时刚吐出三个字——"好像是"，就被迅速打断。这位班长毫不留情地说："好像？我们安全生产工作没有好像，一个'好像'就能人命关天，一个'好像'就能付出惨重的代价。"正是他这样管理、培养员工，这个班才获得全国质量信得过小组、省级安全生产示范窗的荣誉。同样，还有一位爱较真的站长，他的信条是"安全来自长期警惕，事故源于瞬间麻痹"。站里的员工都说："在站里干活，一点也不能糊弄，就是有一点点错，都过不了关，还要受批评。"一次上夜班的一名老工人填写报表时，不慎把时间填错了行。这位站长发现后，立即叫回准备下班的老工人重新填写。站里有的员工不这么认为："人家是50来岁的老工人了，又上了一夜班，这又不是什么大事，让白班代改一下就可以了。"站长却毫不相让："工作出错不管是谁都不行，老师傅也不例外，老师傅更应该给年轻人做好样子。"老工人听了，虽然脸有些红，却也虚心接受。这位站长多年来坚持把重点工作做精、把日常工作做细、把平凡工作做实，这使所在的站被公司评为首家免检单位。

有这样一则寓言：有个人牵着毛驴去赶集，驴背上驮着两筐瓷器。刚出村口，有人看到筐子摇摇晃晃，提醒他把绳子扎紧些。他回答说"不要紧"。走到半路上，有人提醒他："绳子已断了一股。"他不当回事："断了一股还有三股呢！掉不了！"就在他离集市不远的时候，又有人急切地提醒他："有一只筐快滑到地上了"。他还是不紧不慢地说："就到了，就到了。"话没说完，就听"哐当"一声，两筐瓷器摔成了一堆碎片。"不要紧""掉不了""就到了"这些思想包含着严重的隐患，我们在安全工作中切莫做"赶驴人"，经常检查和分析，及时发现问题，及时消除隐患。还有一种现象，有的人员平时不认真，违章行为被抓住了往往会说："我下次一定改正！"可是，安全不是游戏，输了就没有机会再来，"一失足成千古恨"，对安全生产必须高度重视。

前面两位班长对工作严格管理的态度与"赶驴人"和违章人员对待问

题的态度形成鲜明对比，赞成什么、反对什么一目了然。

4. 要有补位意识

有这样一则寓言：一位农民为解决老鼠偷粮的问题，在粮仓里放了老鼠夹子，没想到却被老鼠发现了，老鼠立即告诉了好朋友母鸡。母鸡听了不以为然地说："我很同情你的处境，但这跟我没什么关系。"母鸡说完走了。老鼠跑去告诉好伙伴肥猪，肥猪淡淡地说："这是你的事，你自己小心点就行了。"老鼠很伤心，又跑去告诉好邻居大黄牛，大黄牛听了厌烦地说："你见过老鼠夹子能夹死一头牛吗？"说完迈开方步离开了。后来，老鼠夹子夹住一条毒蛇。晚上，女主人到粮仓检查时被生气的毒蛇咬了一口住进医院。农民为给女主人滋补身体杀了母鸡。女主人出院后，亲戚朋友来探望，农民杀了肥猪招待客人。后来，为偿还给女主人治病欠的债，农民又把大黄牛卖给了屠宰场。

原先互不相关的事一夜之间变得事关重大，事物之间都是相互联系的，孤立的、静止的事物是不存在的。安全生产更不能事不关己高高挂起，在企业中，每个员工都需要与企业结成利益共同体、生存共同体、发展与荣誉共同体，用维护企业的利益就是维护自己的利益、保证企业的安全生产就是保证自身安全的思想自觉为企业的长久发展作出积极的贡献。

一位士兵遭到敌军突袭后逃进了山洞，一只蜘蛛狠狠地蜇了他的胳膊一下，以教训破网而入的入侵者。喘息未定的他刚要伸手捏死蜘蛛，突然对此时与自己相伴的小动物心生怜悯，就放了它。谁知蜘蛛爬到洞口很快织了一张新网，敌军追到山洞口见到完好的蜘蛛网，猜想这洞中无人就离开了。这个故事告诉我们，帮助别人同时也是帮助自己。你与邻为壑，遇事躲得远远的，也容易被别人疏远，遇事别人也不会帮助你。很多时候，安全生产人员在现场处于繁忙、劳累状态，很可能出现意想不到的情况，此时互相提醒、安慰、鼓励是非常重要的。我们往常强调不要伤害别人，也注意不要被别人伤害，但同时也要提倡安全生产中的"补位"意识。

球场上，都有明确的分工，但也需要及时"补位"，用整体协调、整体配合提升球队整体能力。一次，中国女排力挫群雄获得冠军后，组织几个排球大国的种子选手组成联队，与中国排球队比赛。就个人素质而言，联队要比中国队明显强很多，大家都对中国队没什么信心。可一位教授则断定中国队一定会赢，他的理由是："整体合力大于个体能力之和。"比赛结束，还真的应了教授的判断，中国队胜！这里的整体功能体现了既能个人独当一面，又能配合协调；既能分工到位，又能及时补位。球场上的"补位"，是为了赢球；生产上的"补位"是为了安全。

然而，在生产活动中，有的人只管自己不违章作业，却对身边违章的现象视而不见，认为查违章是安全员的事，与己无关，多一事不如少一事；有的技术人员在现场看到其他专业违章作业也睁一只眼、闭一只眼，不管不问，认为自己是搞自己专业的，其他专业安全的事不是自己分内工作。这些现象虽然不是普遍存在的，但也是十分有害的。在繁忙的现场、在疲惫的工地、在紧张的抢修现场，员工间的一句提醒或者一次小小的帮助，也许就会纠正一次违章，防止一次可能发生的事故。

5. 严谨很重要

河豚之毒，短时致人毙命，十分凶险，但河豚又是美味的。据厨师说：河豚有毒，毒在眼、肝脏、鱼子和其他内脏，除去这几种，其毒很微弱，再加上长时间的漂洗，配以相克的材料，适度熬煮，便只剩美味了。清代名医王士雄也说过："其肝、子与血尤毒。或云去此三物，洗之极净，食之无害。"听来十分随意，却让人吃惊。剧毒与美味本为一体，要品尝美味需要的不是"拼死"的豪情，而是科学严谨的方法和态度。只有这样，才能去除毒物，享受美味。

据说，河豚也被日本人奉为"国粹"，深受日本人的推崇，但因吃河豚中毒的日本人却很少。原因在于，在日本，河豚加工程序要求非常严格，专业厨师至少要用30道工序来去除河豚的剧毒，即使最熟练的厨师也要花 20 分钟才能完成。有人曾经尝试将加工河豚的 30 道工序进行简化，然而事实证明，这 30 道工序不是平白无故地杜撰出来的。少去几道工序也许未必会吃死人，但会使安全性大打折扣。

细细一想，企业的生产过程似乎与厨师烹调河豚相似。这些产品在生产的过程中是危险性（事故隐患）与实用性（服务于生产生活）的统一体，严格按规章操作，就等于去掉了"毒物"，留下来的就是经济、社会发展和人民生活需要的产品。那些长期在高危行业从事生产活动的员工平安无事，很显然，靠的就是严谨的方法和态度。

在某单位安全生产月的反思会上，一名员工说："最近，我在生产中安全帽带子没系好，被反违章纠察队抓了个现行，事后不但受到经济处罚，还在职工大会上做检查，是我运气不好，我认了。"安全生产不能靠侥幸，更不能靠运气。平时执行规章制度不认真，被抓住了就认为是自己运气不好，这种思想是肤浅的、有害的。进一步说，在没发生事故之前，违章行为被发现并纠正了，把事故消灭在萌芽状态，不是运气不好，而是运气很好。

还有一种"被安全"的现象。"事先给大家打个招呼，这个月是安全生产月，经常把安全帽戴上，上级检查说来就来。""把烟头掐了，检查的马上就来了。"被动应付安全检查活动的现象在一些基层单位确实存在。安全生产月一过，领导检查一走，就放松了对自己的要求，这种"小聪明"真是害人害己。我们应该发扬老一辈工人师傅敬畏安全、时刻遵守各项安全规章制度的工作作风，保持"自警、自省、自律"的精神，履职尽责，确保安全，做到对上级负责、对企业负责、对自己负责、对家庭负责。

6. 岂能走捷径

因为维修走捷径酿成空难，并导致公司被竞争对手兼并，"千里之堤溃于蚁穴"，让人惋惜不已。1979 年 5 月 25 日下午北美中部时间 2：50，美国奥黑尔国际机场，一架麦道产 DC-10-10 型客机搭载着 258 名乘客，正滑行在跑道上，就在飞机在跑道上大约滑行了 6000 英尺开始拉起机头时，左翼的一号引擎突然脱落，砸在跑道上。这时飞机驾驶员并没有发现异常，仍正常操作飞机爬升至距离地面约 350 英尺的空中。下午 3：04，飞机在奥黑尔国际机场西南面坠毁，机上 258 名乘客和 13 名机组人员全部罹难。

这场灾难使著名的麦道公司陷入重重包围之中。围绕引擎为什么脱落的问题，一时间各航空公司对 DC-10-10 型客机恶评如潮，认为麦道公司如此不负责任，视安全如儿戏，不应该把不合格的产品推向市场。一时间，麦道公司的股价狂跌，公司从此一蹶不振，导致被竞争对手波音公司兼并。

能成为波音公司的竞争对手，足以证明麦道公司的实力，这次的突发空难实属意外。原来，"5·25" 空难中飞机引擎的脱落，完全是因为美国航空公司的维修部门没有遵循该客机设计原厂麦道公司的维修程序。在维修过程中，他们为了节省 200 多小时的维修工时和维修经费，把引擎和"派龙"（引擎和机翼之间的悬挂结构）一起拆下来，并且放置了整整一夜才安装回去。正是这疏忽大意的一夜放置，导致在"派龙"和机翼结合的补位出现了隐形裂纹。飞机维修人员不负责任的"走捷径"，不按维修程序维修，最终使被维修的飞机坠毁，也使著名的麦道公司走到绝境。一失足成千古恨，教训何等深刻。

安全生产中图省事、走捷径是不踏实的、危险的，老老实实按规程办，踏踏实实走程序，才是保证当下安全和长期安全的正道。

一段时间，不法分子针对瘦肉价格高、销售快的市场需求，研制出"瘦肉精"，其可以使猪变成瘦肉型。一时间，很多养猪户私下购买"瘦肉精"，甚至明知"瘦肉精"危害吃肉者的身体健康，但利益驱动还是使一些养猪户热衷于用"瘦肉精"养猪。此案暴露后，不法分子受到惩处，相关企业也败坏了声誉，损失惨重。在安全生产中，有的安全监督人员工作不到位，检查走走形式，发现不了存在的问题，使严格的安监工作"缩了水"；有的员工自以为是，甚至不懂装懂，遇到学习任务，不把功夫下在学习上，而是下在怎样蒙混过关上。这些现象无疑给安全生产添加了"瘦肉精"。

养殖业中的"瘦肉精"问题被严禁，安全生产中添加"瘦肉精"的问题也逐渐被大家所认识，虽然彻底根除这种问题很难，一有条件就有员工犯"省略""缩水""遗忘"等毛病，但安全管理者要不断地整治、及时地纠正这些行为。只要把安全生产当作一种神圣的追求、一种崇高的责任，这些问题也就不会再出现了。

七、不能懒惰散漫

"宁走百步远，不走一步险"。为了安全，不能怕麻烦、怕走远路，也就是不能懒。妈妈出门，怕懒孩子饿着，于是烙了张大饼套在懒孩子的脖子上，等妈妈回来时发现大饼靠近嘴的一边被吃完后掉在地上，懒孩子却饿死了。安全生产人员中也不乏这样懒的人。我们不妨从结构、危害及克服上进一步认识"懒"字。

"懒"字的结构充分体现了先贤们造字的高明，我们从中可以拓展想象的空间，领悟做人做事的道理。

"懒"字是竖心旁，强调的是出发点、根本点。"懒"来源于"心懒"，心懒了，不去思考问题，满足现状，得过且过，不求进取；心懒了，该多干的少干，该少干的不干，该今天干的明天干，多一事不如少一事，高标准不如低标准，有困难不如没困难，精神状态萎靡，品质意识薄弱。安全生产人员如果存在"懒"的思想，就难以产生吃苦耐劳、求真务实的动力，保证安全就是一句空话。同样，克服"懒"，也要从"心"做起，有决心、有信心、有恒心才能由懒变勤。

"懒"字排在中间的是"束"字，强调的是着重点、中心点。人有惰性，不管束自己就会懒起来，克服"懒"必须对自己有所管束、有所约束。在繁重、艰苦、长时间的生产中，有的员工因为懒，容易放弃规章制度的约束，放纵自己的行为，从而造成严重的后果。安全生产人员对自己多一点约束，安全工作就多一份把握；人人多一点对自己的管束，安全记录就会不断延伸。

"懒"字排在后边的是"负"字，强调的是落脚点、结局点。人们"懒"会产生"负"面效应。如果检查不到位、操作不仔细、制度不落实都可能留下事故隐患、埋下危及安全的"定时炸弹"，甚至会负下难以偿还的经济账、政治账、血泪账。克服"懒"，落脚点要放在对自己、对工作、对安全负起责任上。如果对安全负责，就会在本职工作中任劳任怨、兢兢业业，勤于拼搏、排疑解难。如果对自己、对家人、对企业、对社会负责，就会对本职工作尽心尽力，全心全意，做到万无一失。多付出一些心血和汗水，但结局是平平安安、踏踏实实。

惰性是天生的，常伴随于人的一生，想彻底消除是不可能的，但是惰性又处于人的控制之中，你强它就弱，你弱它就强。"天下事以难而废者十之一，以惰而废者十之九。"可见，惰性是事业有成的大敌，也是安全生产无事故的大敌。从年龄段来看，年轻员工偷懒的现象多些，中年以上年龄段的员工经过工作的磨炼、岁月的洗礼，明显较为勤奋。因为他们深知，因为懒散，学习不到位，就会跟不上趟，成为"差班生"；因为懒散，工作不到位，就会受到批评，成为"落伍者"；因为懒散，遵章守纪不到位，就会出问题，成为"不放心人"。可以说，生产一线容不得懒散。

很多员工图安逸，试图逃避困难问题。这样懒起来，工作自然就"缺斤少两"，必然降低了安全的可靠性，导致怕难就更难，图安逸反而更麻烦的结果。有的员工产生惰性，是认为巡视不到位不一定就有事，有事也不一定被自己碰上；设备质量好的再检修是添乱，于是就等明天再说，等下次再干，等别人出手。在一定意义上看，时间就是安全，就是生命，由于懒散拖时间，出了问题更麻烦；勤劳抢时间、抓时间，才能争取到安全工作的主动权。

懒惰是心理上的厌倦情绪。在安全生产中有一种现象就是工作倦怠心理。这种工作倦怠，专家称之为"职业枯竭"，是在工作重压下的一种身心疲惫的状态。表现为身体疲劳、情绪低落、创造力衰竭、价值感降低。产生该情绪的原因之一，有的人刚参加工作时压力较大，于是便一路冲杀，取得了一些小成就。但随着工作的稳定，原先很多压力和不适的消极后果开始显现，以致由热爱工作变为厌倦工作。原因之二，有的人在生产一线、生产现场单调、紧张、艰苦的环境里滋生了工作倦怠心理。原因之三，有的人价值感失落，个人发展受限，有的企业相对的封闭性和职位结构的稳定性，影响了工作的变换和人才的交流，有些员工就产生了工作倦怠的现象。

懒惰的突出表现是只想做简单的事，甚至不想做事，总把"事情太困难、太花时间"等种种理由合理化。懒惰是很奇怪的东西，它使你以为那是安逸、是福气，但实际上它给你的是无聊、是倦怠、是消沉，它剥夺你对前途的希望、事业的忠诚和本岗位工作的进取心、责任心。要克服懒惰，首先，就要认清其危害，从而自觉地去拒绝。其次，要注重锻炼同困难作斗争的顽强精神和坚强意志。那些勤奋的人，都是有意志的力量在推动着他们。而意志的形成和强化，往往是有一个需要追求的目标，包括分阶段的小目标和要去追求的大目标。有了前行的目标，就可以调动人的思想和行动。作为从事安全生产的人员，要生存、要安全、要发展，安全第一就要融入脑海里，融入工作和生活里。在确立了这个目标后，就会发现工作中有许多原本不在意的事变得有意义起来，而另外又有一些事突然变得不重要起来，会感到有一种无形的力量在支撑着自己，让自己不再毫无目的地懒惰下去，从而变得勤奋起来，在不断获得的小小成就感中找到人生的价值，找到在安全生产中的位置和作用。

某发电厂一位副司炉，有强烈的事业心和责任感，勤巡视、勤查看、勤细听、勤动脑分析，用心血和汗水换来了"查漏大王"的称号。虽然他患有严重的哮喘病，但是仍十几年如一日，不分昼夜，不管严寒酷暑，每班都要几次登上40多米高的锅炉，认真检查设备。为确定一个泄漏点，他上下几次甚至几十次，从不放过任何可疑的迹象。有一年大年初一，天气异常寒冷，北风刺骨，他仍像往常一样按时到户外巡检。当他走到2号炉右侧热交换器附近时，在震耳欲聋的排汽声中，突然捕捉到一丝不易察觉的异常响声，感到此处有泄漏，于是他开始仔细检查，半小时后，终于在夹层中找到了泄漏点，这时他已经冻得手脚麻木了。

这位"查漏大王"认为，夏天最热、冬天最冷时，或者异常天气，是人最懒得动的时候，也是检查设备最容易疏忽大意的时候，同时也是"猎手"捕捉异常的时候，为此他练就了在复杂环境和天气异常时分辨正常排汽声和泄漏声不同的本领。一个下雨天，他在距离锅炉一处不显眼的地方发现有滴水，他不顾雨淋从零米查到十米，又从十米查到二十米，终于查明是给水系统发生泄漏。

天道酬勤，安全有路勤为径。多年来，他累计检查发现各类设备缺陷800余项，发现并排除重大设备隐患近200次，及时查出锅炉承压部件泄漏45次，被授予"全国劳动模范"称号。

八、不能急于求成

急于求成的现象在经济建设领域屡见不鲜，给安全生产提出了新的要求。尤其是每年的第四季度，是一年中事故易发期，这其中的一个重要原因就是急于求成赶工期、抢进度、赶产量、追指标，容易出现超强度生产的现象，安全工作松和虚的现象多了，违规违章的行为就会悄悄反弹起来。

2016 年 9 月 13 日，某工程在"协力奋战一百天"开工以来，日夜赶工，24 小时三班倒，于 11 月 24 日早上发生施工平台倒塌事故，造成了 73 人死亡的特大事故，教训极其深刻。为了保证生产与安全两不误，必须在坚持"四严"、摆正"四种关系"上下功夫。

1. 坚持严肃的态度

就是在贯彻中央领导同志的批示上要严肃，要当作所有生产单位的头等大事，认真学习，深刻领会，结合实际，坚决贯彻落实。

2. 坚持严格的规矩

国家、地方政府和各企业都对安全生产制定了严格的、具体的法规、制度，不折不扣地照办的，安全生产就有保证。不熟悉或忘记了的，要补课；没执行和没到位的，要改正；凭长官意志、凭经验感觉，或另搞一套的，要禁止。

3. 坚持严密的组织

安全生产是个系统工程，必须在严密的组织下科学发展，容不得半点疏漏和失误，任何局部和个体都不能出现偏差，否则就没资格管企业、管生产。各级安全生产管理人员要努力提升在新形势下组织安全生产的能力，掌握安全生产的主动权。

4. 坚持严实的工作

生产现场的工作，必须严严实实，不给事故留有余地。质量第一、安全第一决不能停留在口号上，而要全方位贯穿工程的全过程。

5. 摆正"大干"与"大抓"的关系

当年的工程当年完工，当年的任务当年完成，这是很正常的，不正常的是没完工、没完成，更不正常的是出了事故影响了生产任务的完成。"大干 100 天""大干一个月"，不是不可以，而是不可以违反科学地急躁蛮干、急于求成。既要"大干",调动全体人员的积极性,加班加点、加快速度,提高工作效率;又要"大抓",紧抓与之配套、相辅相成的安全保障工作,做到工作速度上去了,工作质量和安全工作也上去了。在一定意义上讲,安全保障先行,用一套科学、严密、有效的安全工作融于"大干"的始终。否则,"大干"就要"大乱","大干"就要出"大麻烦"。有的领导错误地认为,只要"大干"出成果了,就算出点小问题、小麻烦也可以被原谅。安全工作有疏漏,出现了安全事故对上、对下,对员工、对家属都不好交待,对党和人民、对法律就更不好交待。所以,"大干"是建立在"大抓"的基础之上,离开了"大抓",安全工作没把握,万万不能去组织"大干"。

6. 摆正"快"与"慢"的关系

杨树长得快,却价值低;红木生长缓慢,却异常珍贵。在生产领域,追崇求快的思想很有市场,是有作为、有能力、有干劲的表现,而稳抓稳打的慢动作往往占下风。这些年,有 19 天就建设了一幢大楼的奇迹频出。通常一到岁末年终,各地区、各单位为完成全年任务,往往突击生产,这给安全生产增加了很大的压力。如果是片面追求快,那是很危险的。正如"十次车祸九次快"一样,片面追求速度、片面追求数量,很容易发生事故。本来是想快,出了偏差、出了问题就会适得其反,欲速则不达,反而更慢了。返工或停产整顿,造成了恶劣的社会影响和巨大的经济损失,早知如此,还不如开始就慢一些,稳一些,科学安排生产进度和生产任务,推进年度工作任务的正常完成。

7. 摆正"上"与"下"的关系

要做到对上负责与对下负责的一致性。一个企业、一个单位,下级对上级必须负责,但这种负责是有原则、有条件的,尤其是在安全生产领域内。一般来说,上级的工程项目计划是经过调研或论证作出的,必须坚决组织实施。但有时也可能出现脱离实际的情况,或者在执行中出现了新变化，这时按照项目计划执行可能会影响工程质量，如果出现安全问题，就应该立即报告，采取稳妥措施，以真正做到对上负责。工程施工中一线生产管理人员和员工最有发言权，他们的安危和建议要当作第一信号来反馈、来听取，不要随便以"怕麻烦""怕吃苦""胆小怕事"而否定，失去了捕捉重大事故苗头、寻根究底、举一反三的时机。完成工程的同时，保证了工程和人员的安全，才是真正做到对上、对下负责。

8. 摆正"个体"与"整体"的关系

安全生产是众多的单位和员工共同保证的，各个局部安全了，整体也就安全了。有时，一个个体出了问题，只是单纯个体的问题。有时，一个个体出了问题，却"牵一发而动全身"，导致一连串的问题发生。某在建工程 70 多米高的施工平台内部有结构坍塌，又带动整个操作平台坍塌，根本原因是施工装备的失效，那么施工方案本身存不存在问题？施工单位有没有按照方案施工？监理单位有没有及时发现问题？现场安全监察人员有没有及时检查？现场施工人员有没有发现不正常的蛛丝马迹？任何一个个体、一个局部发现问题，就有可能及时防止这起重大事故的发生。如果大家都相信有这么多单位、这么多员工在抓、在管安全，就可以"高枕无忧"，那么危险就近在咫尺。如果人人都具有安全的意识，人人都是"安全员"，不安全苗头就能及时发现，不安全隐患就能及时排除，安全工作就可以实现能控、在控、可控了。

第五章 实际操作上，
安全生产细于一切、融于一切

　　安全生产是由若干个局部和众多的细节组成，可以说是众多的细节安全保障了整体的安全，某一个细节出了问题整体就也可能会出问题，常常是成也细节，败也细节。在很多情况下，细节是一种能影响全局或整体的细微的易被忽略的物件或行为。形象些说，细节是跨江大桥上的一个焊点，是新型战车链条的扣环，是高速飞驰的动车下钢轨上的铆钉，是遨游太空的人造卫星上的螺丝……

　　我们在日常生活中也常常遇到这样的情况：注意细节才能把事情办得完善和完美，日常生活才会更幸福、更有质量。忽略了细节会影响生活、影响工作，甚至造成重大责任事故。正如一位著名的建筑师密斯·凡·德罗描述他的成功时用的五个字："魔鬼在细节。"一个烟头、一次打盹、一回脱岗、一个指头按错了开关……都可能酿成大祸。近年来发生的一些煤矿安全事故、油气安全事故、交通安全事故、食品安全事故等，大都是安全管理细节没有到位，具体操作环节违章造成的责任事故。

　　因此，安全生产比其他任何工作都更需要在精细上下功夫，粗放的管理方式、马虎的操作行为都必须克服。要保持企业的长治久安，必须坚持安全生产细于一切、融于一切，在"细"字上下功夫。

一、深刻认识"细"

"天下大事必作于细""细节决定成败、细节决定命运、细节也决定安全"，这些名言警句几乎人人皆知，但是能否变成自身的行动，并融入安全生产活动中呢？首先就需要深入学习、深入系统地认识到位，入脑入心再入行。

1. 不是小事是大事 ——"细"定成败

细节因其"小"，往往被人忽视，麻痹大意，或被轻视，嗤之以鼻。细节因其"细"，也常常使人感到烦琐，不屑一顾。然而很多时候，细节很可能决定事情的成败。

1485 年，英国国王理查三世率领大军与里奇蒙德伯爵亨利率领的军队进行了一场决定谁统治英国的战役。战役进行前的早上，理查的马夫给理查的战马钉掌，但铁匠却说这些天钉马掌客人很多，现在马掌不够了，需要先找些铁片来。马夫不耐烦了："敌人正在推进，国王希望骑着马打头阵来迎击敌军，有什么你就用什么吧。"于是铁匠从一根铁条上弄下四个马掌，制成后准备固定在马蹄上，当钉子钉到第四个马掌时缺了一个钉子。"得用点时间砸出一两个钉子。"马夫听了着急地说："我等不及了，我听到军号声了""我能把马掌钉上，但是不能像那三个一样牢固。""好吧，快一点"。

理查三世带头冲锋陷阵，鼓励士兵奋击敌人，忽然一只马掌掉了，连人带马跌翻在地。统帅坠马，军队士气大挫，不一会儿理查被敌军俘获，战斗结束。由此产生了一段经典谚语：

少了一个铁钉，丢了一只马掌。

少了一只马掌，丢了一匹战马。

少了一匹战马，败了一场战役。

败了一场战役，失了一个国家。

人们称之为马掌钉效应：为一个马掌钉，失掉一个国家。这场战役告诉我们这样一个道理：也许只是一个小小的疏忽，但是所付出的代价却是昂贵的，或者说所造成的损失是惨重的，甚至是无法弥补的。

公元前 608 年，即位不久的楚庄王为了北向与晋国争霸，报城濮大战之仇，召集郑国进攻晋国仆从陈、宋两国，挑起与晋国的战争。面对郑国军队来犯，率军出战的是宋国右师华元。华元在战前做了慷慨激昂的战前动员，并为了激励士气，每人发了一块羊肉。吃到羊肉的人都很高兴，这在当时代表自己受到了尊重。而主帅华元的御者没吃到羊肉。结果临敌对阵时，出现了古代战争最戏剧性的一幕，宋军擂鼓声中，眼睁睁地看着自己主帅的战车独自冲向敌阵，两军尚未对决，主帅被俘，宋军一败涂地。宋国在对郑国的战争中历来都处于下风，这次宋军准备充分，本可以一雪前耻，主帅华元也是有勇有谋的将军，但就是因为战前激励错过了一个人，而造成几百乘战车被敌人俘获的惨痛结果。

2007 年 8 月 20 日，台湾一架波音客机在日本冲绳那霸机场着陆后，突然起火爆炸。一架庞大的波音客机被烧毁，其罪魁祸首竟然是一颗小小的螺丝钉。飞机在起降时使用的机翼前缘襟翼的内部螺丝出现松动，刺穿了机翼内的油箱，燃料从破裂处经前缘襟翼缝隙大量流出，随后被引擎的高温引燃……

庞然大物被烧毁，竟然源于一颗小小的螺丝钉。正如美国气象学家爱德华·罗伦兹所说的一种现象：亚马孙丛林的一只蝴蝶振动一下翅膀，就可能引起连锁反应，最后引发遥远国家的一场龙卷风。这种现象被称为"蝴蝶效应"。

1961 年 4 月，苏联发射载人飞船的前一天，即将成为世界上首位乘飞船的邦达连科，在充满纯氧的船舱训练结束后，随手将擦拭传感器的酒精棉团扔到一块电极板上，这一细小的随意行为，顿时引发了一场大火，邦达连科本人也因大火身亡。

2005年2月1日美国"哥伦比亚号"航天飞机返回地面途中，发生意外爆炸，飞机上的7名航天员全部罹难，震惊了全世界。造成这一重大灾难的凶手竟然是一块脱落的隔热瓦。航天飞机的整体性和所有元件构成都是一流的，但就是一小块隔热瓦就毁灭了价值连城的航天飞机和无法用价值衡量的7位航天员的生命。

这些小事，这些细节都决定了人的生死存亡，决定了事故的严重程度。"马掌钉效应""蝴蝶效应"以及众多的因小失大的惨痛教训告诉世人，细节决定成败，也同样警示和提醒安全生产活动中的人们，牢记"安全无小事"！

2001年8月，我国神州3号飞船发射准备测试，突然发现返回舱一个插座有两路信号不通，而这类插头有20多个，共有1400多个接触点，涉及全国多个厂家。但为了飞船的安全，再麻烦也要精确细致地完成每一步工序，于是经过一个多月的联系和赶制新的产品，插座终于完全接触良好。2001年9月，当神州3号飞船即将发射时，又突然发现一个电路触电不通。当时，来自全国各地的500多位科技人员在现场观看飞船升空，有人认为，这个点是冗余设计的触点，没什么大问题，发射可以照常进行。但是载人航天指挥部的决策者们认为，决不能让飞船带着疑点上天。虽然是一个点不导通，但飞船上的这批插头可能还存在问题，于是决定立即更换所有这种型号的插头。这样做，虽然推迟了3个月发射飞船，但确保了飞船发射万无一失。历次飞船发射任务，酒泉卫星发射中心都要对测试厂房的8000多个插头、火箭系统的1160多个对接插头逐一检查核对3遍以上，并采取科学有效的"状态参数表格化管理"，做到"不错下一个口令，不做错一个动作，不放过一个异常现象"，创造了一切隐患归零的奇迹，体现了中国航天人的对事业无限忠诚、对安全极端负责的精神，这也正是安全无小事、小事见精神的具体体现。

在电网企业中，不能重"将"轻"兵"，而要重视普通员工的每一个人。这是由安全生产活动的特殊规律决定的。电网企业可谓"万人一台机，千人一个网"，每个员工都是整个高度统一与协调的系统不可或缺的重要一员。"100－1＝0"，一个兵在细节上有闪失，可能导致整个系统的瘫痪，同样可以说是细节决定成败。

某国家储备粮直属库因电源导线破损漏电打火发生火灾，造成80多个粮囤的粮食被烧毁，经济损失巨大，社会影响恶劣。从事故发生的直接原因不难看出，如果配电箱孔洞大些、光滑些，如果导线新一些，也许就不会有这种后果。另外，易燃物离配电箱远一些或采取些隔离措施，也不会"火烧连营"。就是这些细节问题，平时被忽略的小事出了大问题，实在是不应该。相关责任人受到法纪的严肃处理，从造成的后果来看是罪有应得，但从事故的起因来看，又让人感到惋惜。2003年伦敦大面积停电，主要原因是安装了一个错误的保险丝，致使自动保护设备被误启动，自动切断了三个电站与电力传输系统的联系，使伦敦电力供应量缺额过大造成了这次大面积停电。

重视细节，体现着认真负责的态度，彰显着严谨细致的作风，就会始终以如履薄冰、如临深渊的态度对待每一项工作，尽心竭力，唯恐有半点差池和闪失。

安全生产中是要抓大事，但更多的是日常工作、生活中的小事和细节问题，谨防因小失大。安全生产无小事，容不得半点疏忽，小疏忽也能酿成大祸害，小事故也能演化成大危机。

2. 不是笨力是能力——"细"有技巧

有的领导者认为，细节、细小是基层员工的事，那么多单位、那么多员工，大事还管不过来，能做到事无巨细吗？这些说法实际上是对细节的误解。尤其在规模庞大、流程复杂的组织里，每一个看似不起眼的细节里都可能潜伏着重大的管理问题。因此关注细节是领导者管理工作的一个有机组成部分。只有关注细节，修正偏差，才能把企业做强做大，才能保证企业的安全发展。

领导者的能力，一方面是宏观上的布局和掌控能力，另一方面是处理细节的能力。很多成功的领导者深谙"细节管理"的奥秘，善于处理问题于细微处。越是高层领导，越要跳过一定层面而直接关注运行中的细节，同时需要具备敏锐的洞察力和关注细节的精神，这样才能捕捉到各个层面中的细节，使它们臻于完美。

欧洲战神拿破仑之所以在战场上所向披靡，击败了一个个竞争对手，与他关注细节、追求精确和完美的个性密不可分。1805 年，拿破仑下达了军队从英吉利海峡东岸挥师多瑙河的命令。在整个行军布阵的过程中，拿破仑不但对每个作战细节都通盘考虑，而且还逐一过问了各个环节的执行情况，甚至超出了一般军官的管理范围，越级了解情况。这种做法给全军带来了巨大的压力，大家在拿破仑的感染下不敢有丝毫的懈怠，整个军事指令得到了出色的执行，拿破仑神兵天降，此战获得了巨大的成功。这就是著名的奥特里茨大捷，这次战役的胜利改写了欧洲十几年的政治格局。解放战争中著名的刘邓大军的指挥官刘伯承、邓小平分别以举轻若重和举重若轻的风格密切协调，率领大军所向披靡。军事统帅们在百忙中掌握部队的细节，用细节配合战略制胜的做法，很值得我们在组织安全生产中借鉴运用。

这里强调的领导者对细节的处理能力是有技巧的，不等于越过层级管理事必躬亲，不分轻重缓急，也不是事事过分苛求完美，对一些过小的并与全局没什么影响的细节反应过敏。我们关注细节的真正意义，在于在恰当的时候做恰当的事情。细节虽多，却也有轻重缓急之分，管理者不要被细节上的表现蒙住了双眼，失去了对事物本质的认识和自己管理的根本方向和主要目标，而影响自己统驭全局的根本职责。一般来说，领导者在安全生产中关注和处理细节有以下几种情况：一是重大任务、重要目标、重要节日、重要季节以及群众反映强烈的重大问题。领导者不能高高在上，坐而论道，必须检查、抽查细节问题，必要时"一竿子插到底"，查处和处置问题，提倡什么、反对什么旗帜鲜明，使广大员工明白怎样做得更好。二是针对外单位发生、本单位存在或潜在的突出问题，既要提要求，更要抓整改。三是抓典型、做示范。通过下到基层，进行调查研究，解决问题，并用"点"上的经验指导"面"上的工作。四是对执行不力或推行不下去的工作，要亲自下手，从细节入手，摆问题、找对策，或者调整工作部署不切实际的部分，严肃认真地纠正干部队伍中执行力不强的问题，推动工作的健康发展。领导者通过自己关注细、能抓细、善抓细的实际行动鞭策激励下属及员工认真负责的工作态度，提升自己组织管理的能力，确保本单位的长治久安。

石油物探局有一个队，他们就将安全管理着力在了细节上。对于气焊点火，其他队只会告诫机修人员"小心别烧着小指头"，这个队的办法是配备气焊点火器。物探职工在车下乘凉丢了性命的悲剧几乎年年发生，一般队伍的做法是用指示牌提示"严禁在车下乘凉"。而这个队的办法是在汽车大厢里拉上篷布，支上座椅。他们要求每台设备每天例行检查，一项不合标准不得出工。这个队的每项作业，都分解成若干程序，关键程序甚至分解成若干动作。如果发现隐患，他们会首先评估隐患变现的可能性，变现后的可接受程度；其次研究控制方法；最后再据此作出决策。"系数""评估""方案"成为处置隐患的必走程序和重点工作，有效地掌控和消灭了隐患。

有家企业的一位员工在高空作业时眩晕，差点酿成事故。经了解，此员工是因为与家属闹矛盾而没吃早饭。于是公司规定，第一，进行重要操作前全员集体吃早饭。第二，重要施工前一定要与员工家属通气，对关键岗位的员工，施工前干部必须进行家访，确保员工以愉快的心情和正常的体力保持安全生产。

有的员工认为，讲细节没完没了，细下去不得了。其实，每个人所做的工作，都是由一件件小事构成的。士兵每天就忙于队列训练、军事技术训练、值班巡逻等小事。作为企业员工，尤其是生产一线的员工，就要和具体的细节打交道，负具体责，干具体事，肯定要在精力、体力上经常付出。但是，往往很多安全事故是在小事上、在细节上找到了突破口。

任何事物都有其规律和技巧，细节问题也不例外。多想几步、多走几步，结果就会不一样。

甲和乙差不多同时受雇于一家超级市场。后来，甲发展顺利，从领班到部门经理，乙却原地不动。有一天，乙向总经理递出辞呈，并说这里不重用吃苦耐劳、老实本分的人。总经理知道乙对提升甲有看法，并认为甲是爱走上层路线、不干实事的人。于是，总经理让乙先到集市上去，看看今天卖什么。乙很快从集市上回来说，刚才集市上只有一个农民拉了一车土豆在卖。"一车多少袋？"总经理问，乙又跑到集市，回来说有10袋。经理又问："价格多少？"乙再次跑到集市上。总经理让跑得上气不接下气的乙休息，并对甲说："你马上到集市上去，看看今天卖什么。"甲很快从集市上回来，汇报说："到现在为止，只有一个农民在卖土豆，车上装有10袋，价格适中，质量可以，我带回几个样品，请总经理鉴别。这个农民过一会儿还将拉几筐西红柿来卖，价格公道，可以考虑进一些，为此不仅带回几个西红柿样品，而且把那个农民也带来了，他现在正在外面等回话呢！"总经理看了看脸红的乙说："请他进来。"甲比乙多想了几步，工作上的成效就大不一样。在安全生产中，遇事能否多想几步，其结果也会大不一样。

一位变电站的技术员，不仅能够通晓本单位的专业技术，并且一到设备更换、软件升级的时候，他就忙前忙后。厂家人员调试中，他全过程参加，一边主动配合工作，一边不时地问这问那，在自备的本子上把技术上的"疑难杂症"都详细记录。别人不理解："有厂家人员呢，用得着你吗？"他说："现在科技日新月异，智能电网、远程控制技术的应用让人眼花缭乱，电力设备不断更新换代，趁厂家专家在，多看看、多问问、多学学、多记记，以后会少很多麻烦。"大家听完笑笑走了，谁也没放在心上。可是，等厂家的人撤了，设备运行一段时间后，有些问题就出现了。在大家一筹莫展的时候，这位技术员却大显神通了。

不是吗？安全生产人员在值班、巡视、检查时，有的多走几步，多想几步，留心留神、细看细听，及时发现了异常。在生活中，处处留心皆学问，在生产中，处处留心皆本领，安全记录也在处处留心中延长。

多做一点、多观察一会，虽然需要占用一点点时间，耗费一点点精力。但坚持下来，常常会有新的发现、新的收获。有的员工满足于出满勤、干满点，不愿多做一点儿，甚至下班前一个多小时都在做下班的准备，心思、其精力已不在工作岗位，发现问题的及时性、正确操作的准确性必然受到影响。而习惯于多看一点点儿、多观察一会儿，就会把全部精力和心思用在工作上，就能优质高效地干好工作、及时发现和妥善处置问题。

某发电公司的一位员工，因为在设备群里多看了一眼，发现了重大隐患。大年初一早上，心里牵挂着设备的这位员工及时来到班上，像往常一样和设备打过招呼后，就忙于擦拭、检查。他经过 4 号机组二级抽汽逆止门汽缸多看了一眼。这一眼把他惊出了一身冷汗，二抽逆止门汽缸连杆已关闭三分之一！他快步来到仪表架前，仔细听、仔细看、仔细查，果然二抽逆止门电池阀底座正在"张嘴哈气"，他大惊失色，随即报告上级，排除了险情。这要是少看一眼，后果不敢想象。

一次兰亭变电站值班员巡视中，发现 220 千伏正母分段开关加热器回路故障光字牌不停地闪烁。仔细检查后发现，原来故障是由操作电源闸刀两相熔丝熔断所致。更换完熔丝以后，设备正常了。值班员并没有满足"大功告成"，却还要"追根溯源"，去综合查找相关的触发因素，进一步发现开关汇控箱右下角端子牌处有烧焦痕迹，并伴有轻微的放电声。值班员多做一点、多观察一会儿又使一个重大风险得以及时排除。

多做一点，与自己做比较，看看今天是否比昨天更进步——即使只有一点点：只要多一点准备，多一点观察，多一点注意，多一点创造力。

有人说，比别人多做一点点，是平凡和优秀、平庸和成功的分水岭。如果在工作中能每天坚持多做一点，积少成多，就会比别人多做了许多。

讲标准、做到位，结果就会不一样。

注重细节，要在标准化、制度化的轨道上行进。首先，要熟知工作标准、技术标准，熟知安全规章制度，这些是基本的、必备的条件。否则，不知道哪些需要"细"，还不知道"细"到哪里去，那样不是帮忙而是捣乱，弄不好还会出问题。其次，各项规章制度应该细化，确保便于执行，落实到每个工作环节。最后，凡事按步骤一步一步地去操作，任何细节都不能忽视。某电网调度中心细化了电网运行数据，制定了电网调度安全分析记录8大型51小项的当值详细情况。调度值长接班后，按照"安全分析"模板与值班人员逐条分析电网运行情况，梳理关键数据，分析薄弱点，明确关注重点；交班前30分钟，运行人员按照分工自行检查，整理当值工作情况，由值班长完成本班"安全分析"。每周调度中心对各项"安全分析"情况进行质量监督检查、绩效考核。大家感到，每梳理一条"安全分析"，就对电网安全运行增加一份底气。

某变电站技术员把工作到位作为抓细节的常规动作。他说："巡视设备和操作中的注意事项再小也不能忽略，必须按要求做到位。比如巡视设备，开始就要注意安全帽和工作服穿戴到位。到了设备区，必须认真仔细巡视。晚上用测温仪测温，他拿着仪器转上好几圈，和他下去巡视设备一圈，发现和处理小事。

在难点上用力，在细节上较劲，结果就会不一样。

有个别员工总觉得多一事不如少一事，但在安全生产中，遇到矛盾绕道走是绕不过去的，只有积极去面对、去解决，才能提高保证安全的能力。

佳能能够从一家几十人的小企业发展成全球 500 强，与全力做好各种"小事"有很大关系。比如佳能在生产过程中，在易出问题的细节上做足了功课。在复印机装配车间，不同规格的螺丝钉安装容易出错。经过一项小小的革新，粗细不同的电动螺丝刀都与电脑相连，如果有人忙中出错，没有使用与螺丝钉匹配的螺丝刀，电脑就会下令断电，中断操作。若有人因疏忽漏拧了一颗螺丝钉，电脑也会阻止产品下线。这样，就可以保证每个螺丝都能拧紧，不会出现松动，从而保证了产品的质量。

有这样一个班组，因为有些员工不把细节当回事，工作敷衍了事，有的甚至把工作当作不得不受的苦役，缺乏主动性和工作热情，结果在安全上小事不断，成为落后班组。班长在教训和压力面前冥思苦想找原因、找对策。他和大家从三个方面有了新的认识：一是班组工人是生产一线的劳动者，只能做一些具体、琐碎、单调的工作，虽然平淡，但这就是工作，就是生活，就是经济建设的前沿阵地。二是随着经济的发展，专业化程度越来越高、分工越来越细，也要求员工做事更认真、更精细。三是一个集体的成绩和荣誉，要靠每一个成员做好每一个细节。如果把工作上每一件小事做细、做好，那他就是一位不平凡、不简单的员工。

渐渐地，安全操作上的细节成了大家"较劲"的重点，大家进一步总结完善了操作细化步骤、安全提醒要求等具体工作做法。班长还编写了细节保安全工作法理论，每天在班前会上讲几点。他们还在班里建立了一个不定时的会议制度，即"安全细节原因分析会"，及时对一些事故和未遂事故的问题进行分析。这种分析，大家你一言我一语，不同角度的看法综合在一起，避免了班长一人"盲人摸象"的片面性，看得准了、看得全面了，真正的"魔鬼细节"便无处躲藏。同时，分析的过程也是大家共同提高、共同受教育的过程，分析到位了，认识深刻了，此类问题以后就难以"卷土重来"了。而且，在大家群起而"析"之的过程中，发生细节问题的当事人更是在脸红、冒汗中获益匪浅。

这样的分析会，他们开了多次，调动了大家在安全细节上"较劲"的热情。一些通过细节暴露的安全隐患都是工友们及时发现的。

有个青年员工反映，一位师傅干活时动不动就发脾气，火气特别大，这也是对安全不利的细节。原来这位师傅对班长老把重活、难活安排给他的情况有情绪。班长立即找到这位师傅说明其中道理："让你多干重活、难活，是说明你有承担的能力，经常这样，掌握过硬的技术，你有可能成为专家。但凡事都有利弊，如果你总发脾气，把人都得罪了，也就没人听你的指挥了。"这位师傅听了点点头。从此工作更加认真细致了，也改了爱发脾气的毛病。

又一次，一位员工发现大家穿戴劳保用品有些不认真。经他提醒，引起了班长的注意。于是班长讲了一个针对性强的案例：在某工地上，员工正全力以赴用稳定拉线吊装设备，不慎碰上了高压线，造成4人死亡，但一同作业的一位女工，因戴有橡胶手套而幸免于难。

这样血的教训，对大家触动很大，之后安全保护用品穿戴和使用都能按要求去做了，工作中的安全细节也更注意了。

坚持细节保安全工作法，坚持在细节上较劲，这个班甩掉了落后的帽子，又成为优秀班组。

中建四局三公司有一位农民工，他每天和一根扎钩、一套图纸、一支笔、一个计算器、一把尺子、一本图集打交道，一干就是30年，被企业称为与细节较劲的"钢筋专家"。

2013年7月的西安，工地似火炉般炙热。汗流浃背的他和绑扎钢筋的工人们的衬衣都能拧出水来。在工地上转了一圈后，他把工人绑扎钢筋的扎丝全部没收了。"不返工，就停止绑扎！"他的一句话"激怒"了几名干活的工人，原来这几名工人并没有按照操作要求将扎丝绑到指定位置上，出现了偏差。

"我们绑扎钢筋 20 多年了，一直都是这么做的，也没见楼房垮塌过……"几个工人一边辩解，一边冲到他面前，要夺回扎丝。

"干工程，不要怀有侥幸心理，必须按照规范来做！"他坚持道。

"你非要这样认死理，我先把你给'绑扎'了！"一个工人伸手要去抢夺扎丝。

"住手！"劳务班组组长来了，大声呵斥那个工人。

事态平息。但那个组长跟他说，我们是靠钢筋量挣工钱，前面没有按规范绑扎就不返工了，现在开始按规范做。他拒绝了，他指着图集上的标准说："不是我刁难你们，是国家规定……"

过去 30 年，像这种事儿，他遇见得多，但每一次"较量"他都赢了。所以，在他做钢筋班组长、钢筋工长的 20 多个项目，钢筋作业最让业主和质监部门放心。

3. 不是难受，是享受——"细"中有乐

有些员工想做大事，不愿做小事，因为大事辉煌壮丽、出人头地；而小事却受苦受累、无声无息。还有的员工做到了"大处着眼"，却往往忘掉了"小处着手"，因为大处着眼梦想美好的未来，令人愉悦；而面对必须出力流汗的小处着手，令人心烦。

但是，只有"小处着眼，小处着手"，才能成就大事。要想在安全生产中取得长期的、实在的成绩，必须从简单的事情做起，从细微处入手。只有不放过工作中任何一件小事、一个细节，安全工作才可能取得满意的成绩。

安全生产人员的若干个小事、细节的逐步累积，总有一天就会从量变到质变，实现质的飞跃。实践这个过程，就是成功的过程。

有人这样描写小中有大、细中有乐：当你不厌其烦地拾起细碎的石块日积月累构筑起来的却是高耸的城堡，只有站在城堡俯瞰脚下的壮丽美景时，你才会体会这些小事的重要，才会进一步体会到成功的快乐。

在我党、我军和工人阶级中提倡和形成的艰苦奋斗精神中，就包含着革命乐观主义精神，即苦中有乐。一般人认为，苦就是苦，哪来的乐，殊不知，没有艰苦奋斗，就没有幸福生活。前人吃苦是为了后人不吃苦，今日的艰苦奋斗是为了明天的幸福生活，所以要乐于吃苦方知苦中有乐。这种吃苦是高尚的、是值得的，也是需要大力提倡和发扬的。

同样，安全生产的过程是吃苦受累、辛勤付出的过程，而且是严格、严谨的过程，是日复一日、年复一年的过程。很多生产一线的干部职工勇于吃苦、乐于吃苦，把干好本职工作、保证安全生产当作神圣的责任，坚决克服疏忽大意的现象，从点滴做起、在细节上用心，排除了一个又一个隐患，防范了一个又一个可能发生的意外，很显然这不是难受而是享受，因为责任感、成就感、荣誉感贯穿其中。有了这样的状态，细中有乐又促使自己更加主动、更加自觉地注意细节上的问题，从而促进安全生产工作，形成了良性循环。反之，度日如年，粗心盲目，很容易出事故，出了事故，又要享受各种"苦"，容易形成恶性循环。

某飞行部队赴某海域上空执行任务，机务中队组织对飞机例行检查，一位细心的机务战士在一架战机上发现发动机叶片有些异常，可一下子又找不到原因，他没有就此止步，而是钻进气道反复检查，此时刚测试完的飞机发动机进气道内温度高达40多摄氏度，在高温缺氧的恶劣环境中，他一厘米一厘米地检查，果然发现一处极其细小的裂纹。

在执行重大任务前这一发现非常重要，引起了部队的高度重视，进一步组织对所有飞机进行检查，又发现2架飞机有同类问题，隐患得到了及时排除，有效地保证了飞机正常升空完成任务。这位细心的机务战士立了功，部队党委作出了向他学习的决定。

　　我遇到了一位参加工作几十年都跟高压开关打交道的电气修试班长，几十年来，他一直都在现场，干小事、抓小事、盯小事，在技术上他是权威，在把关上他有双火眼金睛，先后发现和排除了很多小故障、小隐患。在现场摸爬滚打成了他的最爱，在细节上盯事、盯人成瘾。一次，该供电公司召开先进单位、优秀个人表彰大会，各路英豪都登台亮相，可唯独这位被评为标兵的"重量级"人物缺席，原来他此时正在一个枢纽变电站拆卸维修高压开关设备，忙得不亦乐乎。事后有人问他，为什么不到表彰现场风光露面？他说："我对登台亮相不感兴趣，我的位置在现场，我的兴趣在开关设备，通过我的工作保证了设备的安全运行才是我的最大兴趣！"

　　关注细节，发现异常，可以及时主动采取防范措施，把事故消灭在萌芽状态中。很多一线员工都有这样的感触：在工作中，如果及时发现了细节上的问题，不由自主地产生了一种成就感，当即增加了兴奋度；如果没能及时发现细节上的问题，就会产生一种失职感，当即增加了自责情绪。还有一些细节的新发现，本身就充满了乐趣。

　　一位电力员工在巡视中，听到村民说牛在田里耕田时，走到离电杆不远处止步不前，平时挺听使唤的牛此时不听话了。这位电力员工没有停留在好奇感上，而是到农民耕田的现场查看、测试，原来是这里有漏电问题，牛走到这里有腿麻木的感觉，就不往前走了。单位及时派人进一步检查并排除了故障。

　　某供电线路有一阵子常有故障，而且按常规检查找不到原因。后来经过仔细排查，发现居然是鸟窝惹的祸。原来，人们认为鸟筑巢都是用树枝、麦秸、草，可现在鸟筑巢用的是铁丝、电焊条。有一个鸟窝摘下来一称重量，有七八斤重，全是生了锈的铁丝！这让人感到很惊奇。过去，沿线居民住的茅草棚，鸟也用草搭窝；现在人们都住进钢筋水泥房子，鸟也紧跟变化，住进了铁丝鸟窝。尤其是处于雷区的供电线路，一到雷雨季节线路频繁停电，罪魁祸首就是这些人们意想不到的鸟窝。

二、呵护之心"细"

这里说的"呵护"，指对安全生产设备很用心的爱护、照顾、保护，甚至像母亲照顾婴儿一样，无微不至地给予呵护。

设备是机器、工具，是被动地靠人来操作、维修的。设备能否安全、正常地运行，很大程度上取决于管理和操控它的人的工作态度和细心程度。

通常，从事安全生产的人员都很爱护生产设备。人和设备的关系，可以概括为使用与被使用的关系、维修与被维修的关系、巡视与被巡视的关系、看护与被看护的关系、改进与被改进的关系。积极主动者对设备爱之深、管之严、护之细，是令人感动的。而若只是例行公事的态度，操作、巡视、检修等步骤，按程序走了，人和设备的关系就只是一种工作关系。按理说，这样做也可以了。但和前者一比，就有差距，差在缺乏呵护之情、呵护之心、呵护之细。有了呵护之心，就会像母亲爱护婴儿一样，时刻牵挂、时刻关怀，对其微小变化及时捕捉，为其创造良好的生活条件，保证其健康发展。

某动车专项修理组是群年轻人，但他们坚守"车如婴，应怀呵护之心；车如神，当怀敬畏之心"的信念，以"零误差、零缺陷、零故障、零违章、零违纪"的"五零"理念，严格规范自己的行为。

检修新型动车组是一项技术含量很高的工作，他们的呵护之心、敬畏之心首先体现在了解、熟悉动车，具有相适应的检修技术水平。于是业务培训热火朝天，建立便于主动学习的班组微信群。还将作业、比赛、学习融为一体，比质量、比速度、交流小经验，开展把握小技巧的"微竞赛"活动。在职工夜校中比学赶帮超，在图纸"脑中有"、现场"面对面"、案例"细细分"等学习探讨中，互帮互学、争先恐后，迅速提高技能水平。

他们的呵护之心、敬畏之心，落实到发现和处理故障的能力上。尽管他们的工作高难度、高风险、高劳动强度，但专心工作、耐心坚持、细心检查，任何异常响动、异物、异常变化，各种故障隐患都逃不出他们的"火眼金睛"，大家发现和处理维修故障的能力越来越强，有力地保持了动车的行车安全。

某抽水蓄能电站的一位领导大力倡导"安全无小事，细节做文章"的理念，他认为设备是有灵性的，我们对设备好，设备便回馈给我们安全。这位领导干部要求员工对设备进行人性化管理和操作，使企业员工形成了对待每一个问题努力精益求精，对待每一个细节努力精雕细刻的风气。很多员工发现问题时，不仅考虑怎样解决问题，而且还要考虑怎样进一步优化设备。

对"有灵性"的设备百般呵护，是员工高度责任感的体现，是新时期工人阶级的崭新风貌的体现。有了这种工作精神，隐患一个个地现身，设备的安全性能得到了充分发挥。

某公司运维站站长认为安全是变电运行管理的核心，容不得半点马虎，一定要把握细节，处处做个有心人。他先后参加的倒闸操作 2000 多次，发现设备隐患 100 多起。一次巡视开关设备，听到有细微的声音传出。该设备是密封的，从表面看不出异常，声音很小，也听不清楚。但他感觉到不像是正常的声音，在检修人员到达之前，他注意监视任何微小的变化。后经停电检修，避免了一次很可能发生的停电事故。

还有一位班长，非常爱惜和熟悉设备，就像对待自己的孩子一样，设备健康与否用耳朵也能听出来。他结合不同设备的运行声音特点，总结提炼出一套听力甄别工作法，先后发现了几起重大隐患，保证了设备安全运行。他说，冰冷的设备不会说话，但是只要我们用心看、用心听，自然就能感受到他的"头疼脑热"。

某换流站停电检修，大家是细心细心再细心，不放过任何缺陷和隐患。有一台互感器根部擦洗干净后有一块颜色和其他部位不一样，好像补过漆。安全员仔细检查，发现手指头上不是水迹，而是油迹。他立即找来厂家代表一起查渗漏点，焊接专家也来了。经过处理，可能造成互感器绝缘能力降低而发生爆裂的故障被排除了。

发动机是飞机的"心脏"，九级篦齿盘又是发动机的核心部件，对九级篦齿盘进行体检，是一件不容易的事。九级篦齿盘上分布着 36 个均压孔，每个孔直径仅 5 毫米，必须在密闭的发动机内，通过直径不足 2 厘米的观察窗，将检测设备的探杆与 36 个均压孔无缝对接，难度很大。有人形容如盲人穿针。

一位聚精会神的空军士官经过一个上午的检测，衣服都汗湿了，手也不停地抖。这是新发动机，一般不会有问题。但是这位士官认为经过这一道检查后，飞机就要飞向天空，一旦发动机出现异常，担负的作战任务就不能完成，飞行员的生命和飞机的"生命"将难以想象。对于爱飞机胜过爱自己的他来说，决不能有丝毫的疏忽大意。最后，他在继续检测中发现了异常，判定九级篦齿盘上存在裂纹。后经专家进一步检测，证实了他的判断。

某省电视台"大工匠"系列专题访谈中，介绍了某供电公司一位员工从"草根发明家"到"大工匠"的事迹。通过 30 多年的坚守和相伴，这些冰冷的输电线路在他眼中也具有了生命的温度。他倡导了"人塔合一"的工作理念，带领班组成员熟练掌握每一个动作，像了解自己的身体一样了解作业杆塔的情况，让娴熟的技能为自身的安全提供保障。正是这种爱线路胜过爱自己的思想使他屡破技术瓶颈，先后研制出 20 多种获得国家专利的作业工具，降低了带电作业风险。他带领班组成员开创了全国第一次500 千伏输电线路带电作业先河，在平凡的岗位上干出了不平凡的业绩。

一些对设备怀着呵护之心的员工喜欢与设备打交道，正是这种呵护之心、敬畏之心，让他们在安全生产中创造了一个又一个奇迹。

三、精心培育"细"

"细"从何来，有传统习惯传下来的，有生产生活实践需求的，有优胜劣汰逼迫的，等等。这里想说的是细需要领导、恩师、师傅、长辈的传帮带。这种传帮带往往以上级、长者、能者的身份出现，以其强大的人格魅力和影响能力，对员工言之以理、动之以情、导之以行，常常起到令员工见之行动、难以忘怀的效果。

一间手术室里，一位年轻的护士首次担任手术责任护士。当外科大夫准备缝合病人的伤口时，这位护士提醒说："大夫，你只取出了 11 块纱布，而我们用的是 12 块。"外科大夫肯定地表态："我已经都取出来了，我们现在就开始缝合伤口。"护士立即阻止说："不，不对，我们是用了 12 块纱布。"当大夫表示自己的记忆没错，可以承担一切责任时，年轻的护士直接喊起来："你不能这样做，我们要为病人负责！"这时，外科大夫却转怒为喜，伸出他的手让年轻护士看了看第 12 块纱布，赞赏地说："你是一位合格的护士！"显然，这位大夫是在考验和培养年轻护士强烈的细节精神。

有个电视剧里有这样一段情节。为了启发教育粗心走神而又倔强的实习护士，在办公室内大夫用手术刀在一叠纸上划了两刀，他说，第一刀是划了四张纸，第二刀是划了六张纸。实习护士怀疑地数了数，果然是这样。大夫说，如果对病人手术，第一刀本应四张纸的厚度，如果变成六张纸的厚度；第二刀本应六张纸的厚度，变成了三张纸的厚度，就可能导致手术失败，伤害无辜。干我们这一行的，一丝一毫的误差都不行。他这样的现身说法，使实习护士受到了深刻教育和震动，终生难忘。

下面的故事也让人意想不到，甚至叫绝。

有一位著名的医学教授，他认为培养学生成为医生，最重要的素质就是胆大、心细。于是在上课的第一天首先就强调这一点。为了让学生明白怎样才是胆大心细，他将一个手指伸进桌子上一只盛满尿液的杯子里，又在学生的诧异中将手指放进嘴中。随后，教授将那只盛着尿液的杯子递给学生们，要求大家照着他的样子来做。学生们都忍着恶心，像教授一样把一个手指探入杯中，然后放进嘴里。看到学生们一个比一个狼狈的样子，教授讲评说："不错，都不错，你们都很胆大，可你们也都忽视了细节，就是都没有注意到，我伸入尿杯的是食指，放进嘴里的其实是中指。"

这位教授的教学方法有些独到，但其本意是教育学医的学生学习和工作中一定要注意细节。但不难相信，这些尝过尿液的学生一定终生难忘这次"教训"，从此注意点滴养成注意细节的良好习惯。

有一篇文章，说到总裁淋成落汤鸡。具体情节是这样的：

得克萨斯州有一家著名的杂货店公司，名叫易巴特，旗下拥有几百家连锁店，年利润 100 多亿美元，是沃尔玛的强大对手。

易巴特的发展壮大，一个很重要的因素是创办人兼总裁易巴特把"替顾客着想"作为经营理念和原则，并大力倡导，极力在每个细节上都做到这点。

下面，举一个关于泊车的例子。本来，易巴特各连锁店停车场上的泊车位是按职位和级别高低来定的，级别越高离商店大门越近。后来，易巴特觉得这样安排是替员工着想而没有替顾客着想，便决定改变这一惯例，要求所有员工都把车停到远处去，而把近处的泊车位全留给顾客，以体现顾客至上的原则。

有一天易巴特去一家连锁店检查工作，当时突然下起了瓢泼大雨。没带伞的他如果把车子停到远处，那么大雨必然会淋坏他昂贵的西服和锃亮的皮鞋。而这时店门前的停车场上有几个空车位，停到那里，下车后就不会被雨淋到。

员工们都在等待着总裁的到来，都很想看看大雨天易巴特会将车停在什么位置上。没想到几分钟后，大家看到了一个从大雨中冲进来的"落汤鸡"——总裁易巴特。然后，易巴特来到男装区，购买了一套西服。尽管廉价西服穿着很不合适，但他没有流露出半点的不满和悔意。

很快，这个消息传遍了整个公司。从此员工们都自觉地遵守起公司的泊车规定，让开车前来购物的顾客大为感动。

这个故事告诉我们，对于各项安全工作规定，不但是约束生产一线员工的，而且也是约束领导者和管理人员的，这样的规定才能行得通。同时也告诉我们，领导者在安全工作的细节上、小事上严于律己，员工自然会去效仿，细节决定安全的理念更会深入人心。

一位美国黑人上将在他的军事生涯中深深感到在细小的环节上不谨慎，就会酿成大祸。他担任直升机上指挥官组织雨夜跳伞训练时，在飞机引擎的轰鸣声中，他大声叫喊：每个人再检查一次降落伞的强制开伞拉绳！因为人一跳出直升机拉绳就会使降落伞张开。临跳伞前，他又大声命令每个人再检查一次。最后，当他逐一检查每个人的拉绳时，发现竟有一个士兵把他的两次命令当耳旁风，仍没有把钩子扣好。当他愤怒地把脱落的拉绳塞到那个士兵面前时，这位士兵竟吓得目瞪口呆，因为这样跳下去会像石头一样从天而降，非摔死不可。从此，"永远要检查细节"变成了这位黑人上将的信条，这种严谨的作风，也使他多次摆脱困境，"受益匪浅"。

1985年底，某供电局输变电工程队在变电站升压扩建工程施工，工作人员进入现场后，需要各自准备脚扣和安全带，一个员工在登高作业中，突然从七米高处掉下死亡。该员工思想麻痹，对安全规程执行不严，错把安全带扣环横插在钳子套里的梅花扳子眼儿里，并没有按安规关于"系安全带后必须检查扣环是否扣牢"的要求进行检查就登高作业，致使在打滑的情况下安全受力时失去保护，造成了这次高空摔亡事故。从现场管理来说，现场的安全措施制度不细致，尤其是保证人身安全方面的措施制度。虽然当这位员工进入现场时，班长曾嘱咐说"你们要注意安全啊"，但缺乏细致的具体要求，更没有进行具体检查。

这个教训很深刻，这个工程队以至整个供电局进行了深刻的反思，围绕细节、细致、细小问题入手摆问题、查原因、学安规、定措施，强化安全管理。尤其是施工单位，检查细节成了车间领导、班组长的保留项目，30多年来一直坚持下来了，也一直保证了人身安全无事故。

一般情况，班长比班里的员工奖金高，可这次有个班长却拿了最低的奖金。原来不久前，班长带着员工去执行一次任务，班长坐在前面车上，后面车副驾驶位置上的一位员工没系好安全带，刚出发就碰上了安全检查组，当即被罚了款。班务会上，班长不但没有批评违规员工，而且认真做了检查："今天的事情，责任主要在我。我是班长，有责任在出发前再检查一下大家的安全装备，提醒大家应注意的事项。所以这个扣罚，算在我的头上！"违规的员工"嗖"地站起来："班长，这不公平，错在我，就应该扣我的！"

班长请他坐下来，认真又亲切地说："你坐到副驾驶位置没系安全带，我作为一班之长却没有检查到，这肯定是当班长的责任，我要为全班每个人的安全负责！"

此时，违规员工惭愧、自责与感激交织在一起："班长放心，今后看我的！"

从此，这位违规员工一上班，安全装备一样不少，执行安全规定一丝不苟，还每天收集一条安全警句，写在小黑板上提醒大家。其他成员也互相监督、互相提醒，都成了"安全员"。

"只要大家的安全意识提高了，安全细节注意到了，这个'最低奖'我也拿得值了！"班长笑着说。

四、有效措施"细"

"细"是保证安全生产的一大法宝，但在发生、发展和坚持的过程中也必然受到粗枝大叶、马马虎虎和大意、侥幸等不良习惯的干扰和影响，要保持注意细节的心态和作风，就必须及时解决影响细节的各种问题。在这方面，很多企业采取一系列的有效措施，保证了细致做工作、抓安全的习惯养成。

1. 把握好人这一根本关

安全不安全，人是关键点。细心不细心，先找人的原因。如何造就细心的员工，把握好根本在人这一关非常重要。

一名护士工作失误，错将 AB 型血输给了 B 型血的男子，出现浑身寒战的危急情况，经抢救后方转危为安。

男子肚子疼，入某县医院，经院方诊断，患的是"痢疾"。第二天上午一名 20 多岁的女护士要给男子输血。陪床的女儿问："为啥要输血？是不是父亲拉肚子拉的血太多了？"

女护士"嗯"了一声，就给男子一只手臂上输上了血液，而此时男子的另一只手上也正在打点滴。此外，护士拒绝了他们提出的输完普通液体再输血的要求。由于男子确实有便血的情况，也就对输血没太在意。

过了约半个小时，一袋血液输了一半时，那名护士匆匆跑来，将血袋拔下带走迅速离开了。

男子的家人感觉不对劲，便立即找护士和主治医生。而此时男子已出现明显不适，全身都在打寒战。随后一名护士长赶了过来，告诉家属，确实是院方出错，随即进行救治，当晚转至省人民医院。

如果给病人输血时血型错误，正常人将出现"溶血反应"，情况严重的会导致病人休克、器官衰竭甚至死亡，后果极为严重。幸运的是，这名男子血压、血红蛋白等身体检测指标基本正常，经过常规的输液治疗后，已恢复了健康。

护士日常工作有"三查七对"制度，就是提醒医务人员细致准确，避免出错。"三查"，指操作前查、操作时查、操作后查，而"七对"则是对床号、对姓名、对药名、对剂量、对时间、对浓度、对方法。具体到对病人进行输血操作，则要求更为严格，需要两名医护人员同时校对相关信息后签名。这位输错血的女护士做事马虎、轻率、有规章制度不执行。

很多安全生产事故都是人为造成的。

据有关赴美考察人员介绍，以电力企业为例，美国电力公司人力资源部门在安全生产中起到了重要作用。他们的做法是：在员工进企业生产系统之前，就必须经过细心能力方面的测试。电力公司现场检修设备多、人员多，比较忙乱。检修本来是对设备进行一次全方位的检查和维修，预防运行中可能要发生的不安全问题，但如果组织不好，不但检修质量受影响，而且可能检修中就会发生不安全的问题。为此，某电力公司在现场检修中实行"站桩式"监护看守，同时明确了签发人、许可人、负责人、监护人及管理人员等"五种人"现场安全职责；在倒闸操作时，增加现场总负责人、第二监护人、第三监护人、安全措施负责人、闭锁专责人，连带操作人、监护人和许可人，一共"八种人"各司其职，确保不发生误操作事故。

某电力企业两个值班员平时就有粗枝大叶的毛病，一次进行110千伏倒闸操作时，需要拉开一组刀闸。由于马虎走到了另一组带负荷运行的刀闸处，操作时打不开锁头，监护人和操作人的这两个员工本应核对设备编号和操作票是否一致，但他们主观认为打不开锁是锁头锈蚀，居然找来榔头砸开锁进行操作。结果造成带负荷拉刀闸的严重误操作，致使发生母线停电的严重事故。

某矿业公司对不负责任的马虎人、胆大蛮干的"逞能人"、自以为是的"糊涂人"，以及新员工等安全无把握人员进行整体排查，并由所在单位的党员干部、班组长进行一对一管控，要求同上同下、同班同岗，确保安全无把握人员的安全生产。

人与人之间的差别，不仅表现在能力、素质等方面，还表现在性格上。如果根据员工的脾气和性格安排岗位，就能更好地发挥其个人潜能，使其愉快地适应本职工作，顺利地完成工作任务。反之，则有可能出现不良后果。

同时，由于身体状况、技术水平及心理素质等方面的个体差异，不同个体在同样工作任务中的表现会有明显差异。这就对安全管理中怎样把好人这一关提出了新的要求。

为此，有的企业为一线的员工建立了安全档案，详细记录了员工的身体健康情况、技术等级、安全考核成绩、心理测试状况、性格特征及遵章守纪情况等。这样一来，可以使管理人员对每名员工的特点做到心中有数，在工作的安排和人员的使用上做到扬长避短。

企业根据档案记录和员工意愿，将一些性格急躁、工作粗心的员工调离了操作安全要求较高的岗位，把另外一些爱较真的员工调到了安全员和一线操作岗位上，使员工充分发挥自己的特长，有效地减少了安全隐患。

2. 编印"锦囊"保安全

古代将士在作战中或临战前到了紧要关头，就会打开出发前统帅交付的"锦囊"，立马知道了应对之策。这种谋划之精准、精细和绝妙，被称为"锦囊妙计"。很多企业的安全生产是分散的、流动的、众人参加的综合性活动，安全生产人员也不可能人人都是经验丰富的专家，遇到难题怎么办？有"锦囊"应对。这是新形势下企业管理者指导生产一线人员在细节问题上不出纰漏的好办法。

某动车所新招聘了300名职工，为了既提高职工的业务水平，又拿出处理疑难故障的具体办法，他们组织了高级技师牵头的专家诊断组编印了三个"锦囊"。第一锦囊是认真分析几十例典型故障，编印成《动车常见故障处理手册》和《动车故障"一事一案"》，使职工的故障应急处理能力有了很大提高。第二个锦囊是建立故障问题库，包括疑难问题库、典型故障库、跟踪故障库、综合故障库。通过技术攻关，强化故障分析的深度，拓宽故障处理的视角，教会职工处理每个故障的方式方法。第三个"锦囊"是编印了动车运行中主要工作的作业指导书。作业指导书用大量的图片将每一道作业工序都展示出来，对重点检修部位进行了标注，图文并茂，让职工现场作业时一目了然，解决了问题，避免了差错。这三个"锦囊"，保证着动车的安全运行，被职工称为"安全行车的法宝"。

在某送变电公司的作业现场，人手一套的安全"口袋书"，将现场实际工作中需要注意的安全事项具体化、实用化，营造了时时讲安全，处处有提醒的氛围。

为了防止安全书籍容易让员工产生疲劳感，他们在语言风格上，保持大家乐于接受、喜闻乐见的乡土气息、原生态味道，将枯燥的安全生产内容变成朗朗上口的顺口溜。

打开其中之一的"口袋书"《组塔工序》，内容涵盖高空作业、起重机组塔、电力线路附近吊装铁塔等方面的注意事项及应急措施。"口袋书"印制精美，大小刚好揣进工作服的上衣口袋，携带和使用都很方便。

有的单位围绕行车意识误区、操作禁忌等21项知识点，采用"宝典+图片+案例"的编写方法，以漫画和故事的形式，编写《驾驶员安全行车手册》，增强司机的防范意识和自我保护能力。还有的单位制作一些形象生动、易懂易记的《儿童安全用电漫画手册》《家庭主妇和老人安全用电漫画手册》等书籍，深受市民的欢迎。

全国总工会针对一些中小企业生产工艺相对落后、生产环境差、从业人员素质不高、职业安全卫生管理基础薄弱等问题，推广职业安全"工具包"。"工具包"主要是操作者应该了解的安全知识，有九大类问题132项解决方案。如果完全按照相关规定操作，安全生产事故将大幅度降低。实施"工具包"是全面提升职工的自我保护意识和防范技能，提高职业安全预防工作水平的有效措施。

3. 善于运用新载体

随着通信和视频技术等不断地进行革新，手机、电脑、电视已成为大众生活必需品，其随时随处、直接直观、生活生动等特点，已经成为安全生产活动的新载体、新平台。

微信、微博、微视频，这些新的传播方式已经成为人们日常交流的重要途径。在传播渠道日益多元化的当下，很多企业借力这些新载体，助力安全生产。

某公司开通了安全管理微信公众平台，发挥微信传播广、速度快、关注多的优势，及时向职工发布安全生产知识、动态。每年初，该公司的每个车间都把上级关于安全生产的新要求、生产环境和工艺流程的新变化"晒"到微博上，还把作业安全标准化流程拍摄成微视频，组织职工学习。职工可随时随地观看"微平台安全课"，增强安全意识提高安全技能工作之余还可以在微信群里谈心交流，分享安全生产经验和体会。

某输电工区的两名员工在巡线中发现，一基铁塔的基座被积水淹没，存在铁塔倾斜甚至倒塌的隐患，他们当即拿出手机拍照，发到微信群中，通知班组人员对照隐患照片，配备控制和疏通工具速来处理。半个小时后，抢修人员赶到现场，隐患及时得到消除。

某客户分中心针对配电线路和设备分散的问题，建立"随手拍、保安全"微信群，形成"微信查隐患"，人人充当安全员的机制，利用"微"观的力量，把风险管控关口前移，把危害电网安全运行的因素消灭在萌芽之中。

还有一些单位通过"安全直通车"彩信，建立"小彩信盯紧大安全"制度；安全彩铃提醒注意安全；微电影激发员工安全意识等方法，都收到很好的效果。某炼焦煤气公司车间班前会上的"安全动漫"深受大家的欢迎。针对安全知识、事故案例纯文字材料，两名年轻职工找来安全生产知识，筛选出事故案例，经过3个多月的摸索和制作，15集安全动漫系列视频完成了。不但在本车间放，公司还在各车间普及了安全动漫视频，职工看了都连连称赞，不仅学到了知识，还提高了预防事故的能力。

4. 规定动作成习惯

美国杜邦公司认为安全是习惯化、制度化的行为，他们有一个惯例——所有会议的第一个话题必须是安全。该公司规定：上下楼梯必须扶扶手，在走廊里不准奔跑，铅笔尖要朝下插在笔筒里，打开抽屉必须及时关闭以防碰撞，骑车时不得听随身听，过马路必须走斑马线，否则医药费不予报销。在杜邦，有近乎苛刻的安全指南，从修一把锁到换一个灯泡，都有极其严格的程序和控制。如此谨小慎微的制度和具体措施，折射出对员工生命权和健康权的关注。同时把安全作为个人价值的一部分，安全无时不在员工的工作中、工作外，成为日常生活的习惯。

原来，杜邦公司是从事故中崛起的著名企业。杜邦有 200 多年历史，早期发生了很多事故，特别是 1818 年的事故，当时 100 多人的企业 40 多位员工伤亡，企业面临破产。近 100 多年来，他们把安全作为压倒一切的优先事项，建立和坚持一套严细的安全管理制度，尤其是抓住了安全管理中的细节和元素，也就是安全工作的命脉之穴，成为享誉全球的"安全公司"品牌的奠基石。

民间古玩市场有一项"规则"，凡双方交易易碎的文物或珍贵的工艺品时，不准双方手对手地做交接。交接要求一方把文物或工艺品放在桌面上，另一方独立地从桌面上拿起来鉴定评赏。这样做清晰地划清了交接时万一失手的责任。

某煤矿有这样一个班组，他们不仅能够用汗水创造财富，也能够用规范准则保障安全。坚持"四五"工作法，用规定动作规范生产行为。这个班组近 30 年来没发生过人身轻伤以上事故，一是班前执行"五步骤"，即确认精神状态、学习安全知识、分析典型案例、交代注意事项、进行安全宣誓。二是现场坚持"五必须"，即必须严格按照规程施工、必须进行现场安全确认、班长必须巡回检查、班中餐时必须相互点评、班后必须召开总结会。三是奖惩落实"五挂钩"，即与安全质量挂钩、与联保联责挂钩、与风险抵押挂钩、与安全培训挂钩、与安全效果挂钩。四是育人实施"五举措"，即用安全理念引导人、靠团队精神凝聚人、以家属真情感染人、注重岗位培训提升人、抓操作行为规范人。"四五"工作法看似烦琐，实则保证了安全。

以前，企业对班组安全重视往往体现在定原则、定目标、定制度，却很少定做法。近年来，很多企业在班组安全工作如何做上制定了看得见、摸得着的"规定动作"。这种实化、量化、细化的规定动作如果成为一线班组和员工的自觉的习惯，安全生产工作就更加扎实可靠了。比如规定动作中的"细节检查记录"，发现隐患修复后，检查记录上要仔细写下这些"小细节"的发现、整改、恢复正常的全过程，不仅为设备的安全维护、修理提供了基本依据，还为其他员工查隐患、练技能提供了重要资料和经验。班前会录音、记录细节检查、写班组管理日记等一系列规定动作，使班组安全工作形成重识在细节的好习惯。

某变电站对设备巡视要求走"形"，即对主变等重要设备的巡视走"0"形，对开关等主要设备的巡视走"S"形，对一般设备的巡视走"I"形，对管区 426 台（组）设备的巡视规定巡视点 46 个，对 24 小时内的巡视次数、每次巡视的时间、定点巡视方向等都有细致的规定，并用微机进行在线控制，使他们养成了细心的好习惯。巡视人员有时会从母线电压表针的微小晃动上，从开关空压机轻轻地泄漏气声中，从闸刀瓷瓶细细的裂痕里发现异常，及时采取措施，保证了安全。

5. 细致入微守防线

某油田特车班把原来的每周一次生产例会改为"问题认领"会，由班长、技师例行公事地讲给班组成员听，改为员工谁有问题谁来认领，有不明白的问题可以找各小组长。比如，一次"问题认领"会上公布的安全生产、劳动纪律、服务态度等 10 个问题，都被员工当即认领走了。问题领回去后立即改进。这一改进，从源头上调动了员工参与管理、保障安全的热情，形成了发现问题在班组、制定措施在现场、解决问题在井场的新局面。

某炼化公司成品班有一个安全记录本，他们称之为职工自己的"安全读本"。原来，他们感到，安全与大家时时相伴，安全与大家个个相关，大家经常遇到一些不起眼的安全小事，有的处理得好、有的处理得不太好，过去就过去了。如果把这些小事都记录下来，对自己来说是提高，对别人而言是借鉴。于是，每个职工都开始记录自己的安全故事和安全建议的"安全读本"。

某采油厂针对工作繁杂、管理起来无从下手的问题，实行了系统节点管理的模式，即全厂工作按专业性质划分为若干个系统，纵向又将每个系统的工作重点、管理难点确定为多级管理节点，同时构建从系统到节点的目标、运行、责任、考核体系，使每个节点都成为管理目标点、岗位责任点、业绩考核点。比如，每一台设备都有相关责任人来负责记录运行状况和相关数据，一旦发现有异常情况，负责人都会及时上报并协助技术人员解决问题。实行系统节点管理以来，安全生产、运行质量明显提升。

一些单位组织学习安规时，着眼于学得进、记得住、行得准。某单位组织运行人员对新、旧版安规"找不同"，讨论新安规的修改内容，明确执行的具体做法，调动了大家学习和改进工作的积极性。某供电公司组织班组长进行了一场特殊的安规考试，即组织大家观看一部自编、自导、自演、自拍的微电影，名字叫作《配电典型违章示范片》，并发给人手一份《配电现场作业违章检查表》。故事情节里面隐藏着违章行为，考试就是考大家对违章行为的辨别能力。电影放映后，班组长们在规定的时间内答卷并上交。然后，组织者要求，所有人再从头看一下这部微电影，在放映过程中由组织者一一指出违章行为，让大家对照一下自己找的违章行为和电影中的实际违章行为差距有多少。这种考试方式，形式新、效果好，起到了提升员工安全技能和自觉遵守安规的作用。某单位针对以前存在的为追求工作效率，在安全措施不到位的情况下盲目作业的现象，经过反思，提出了在"无工作票不干、无操作监护人不干、无危险点分析预控不干、现场安全措施不全不干及个人安全防护用品不全不干"的"五不干"反习惯性违章的措施。

手机进入智能时代，方便了人们的生活的同时也方便了工作，但对于企业生产一线来说，带手机上岗会有安全隐患，但有些工作却又离不开手机。为此，一些单位区别对待，制定了行之有效的措施：对易燃易爆区域，严禁使用手机，或经批准配发防爆对讲机；对各种现场操作，手机响玲或接电话都存在安全隐患，所以严禁携带和使用手机；而对非化工等易燃易爆区域的维修、检修人员来说，遇到难以排查的棘手故障，抢修人员可以在网络通信程序上利用图片和视频与班组技术人员互动，手机是他们的得力助手，极大地方便了工作。

某能源采掘班组夜班工作中拿出了 30 分钟时间让员工小憩，等于夜班少工作半小时，结果是掘进进尺不降反升，违章率也明显下降。原来，一些员工最愁上夜班，一到下半夜，就犯困睁不开眼，只能硬撑着，容易产生因精力不集中而导致操作失误的现象。为此，他们明确规定，在凌晨 3 点前后，让员工陆续停止作业，在安全区域小憩 30 分钟。安排安监员用 7 分钟时间，进行现场安全评估，对现场的人员、设备、环境的安全隐患进行分级确认。各班组还在此时对人手一份的"危险辨识卡"组织二次提醒，边休息边"进修安全"。安排员工此时吃一顿可口的班中餐，避开一边吃东西一边干活的安全隐患。虽然用了半小时时间，但却增强了体力和精力，提高了工作效率。很多员工称"夜班 30 分钟"为"救命 30 分钟"。

一家企业为了更好地发挥党员在安全生产中的作用，实行了"党员自控工作法"，每天填写和对照落实《共产党员自控手册》，使之成为打造安全生产正能量氛围的工具。每名党员每天在填写自己安全生产情况的过程中，打开手册，便能看到入党誓词、优秀党员标准、当天安全生产需要卡控的要点、亲人的嘱托，还有自己每天的安全情况。在很多党员看来，每天的总结检查填写是一次重温和激励的过程，不仅可以提醒党员强化先锋意识和先进作用，还能增强自己在安全生产中的自控能力，从而带头落实安全规章制度，带领和带动群众搞好安全生产。

很多企业的生产一线管理人员自觉运用"望、闻、问、切"的中医传统诊疗方法，对安全生产人员进行深入细致的做工作。通过观察职工的精神状态、了解职工的疾苦、倾听职工的心声，把握职工的脉搏，做到苗头早发现、隐患早排除、事故早预防，保证了安全生产的正常进行。

安全生产是亿万职工共同的实践，安全也是亿万职工共同筑起的防线。实践证明，只要大家坚持从我做起、从每一天做起、从每一个细节做起，就可以用细节的力量成就长期安全的大事，用细节的精神筑牢坚强的安全防线。

五、文化融入"细"

随着时代的发展，安全思想和安全理念进一步明确，企业安全文化作为一种价值取向得到进一步的强化。如果说制度的约束对安全工作的影响是外在的、强制执行的、被动意义上的，那么安全文化所起的作用则是内在的、潜移默化的，应该体现为每一个人、每一个单位、每一个群体对安全的态度。

从生产实际来看，空喊安全文化不仅没什么意义，职工也不会买账。安全文化要像春雨一样，"随风潜入夜，润物细无声"，自然融入人们生产生活的全过程，为职工编织起一张不疏不漏的劳动保护网络；通过文化的融入，把规章制度从纸上、墙上请下来，贴在员工的内心里，走进员工的生活中，写在员工的行动上。所以，安全文化简单化不行、一阵子不行、粗枝大叶不行，必须在融入上下功夫。也只有这样，安全文化才能让职工受用，才能起到安全工作保护神的作用。

1. 融于化为本能的安全意识

人们生活在各种环境中，环境对人的精神面貌、心理感受、情绪状态、工作方式和行为习惯等，潜移默化地产生着影响和作用，一个安全氛围十足的环境会给人以安全提示、危险警示等避险警告，时刻提醒人们远离危险、注意安全、预防事故的发生。安全环境文化建设，能以无声信息语言感染人、教育人、引导人，唤起人们的安全警觉，规范人们的安全行为。

让安全文化格言警句以安全文化墙、安全文化台历等形式呈现，通过最简单实用的方式时时刻刻影响员工；在单位局域网上开设安全管理网页，通过制作视频在办公区滚动播放，使安全文化触角延伸到员工工作和生活的方方面面。围绕"血写的事故""泪血的展示"，编写典型安全生产案例，组织员工看录像片、图片展，请人为事故责任人现身说法，用血与泪的事实触动大家的心灵。某钢铁企业利用小台历作出了安全文化大文章，十年来坚持将《安全健康知识台历》作为全员普及安全健康知识的一个有效载体。他们以公会小组为单位，采取"每周一题"和"安全日"活动等形式，组织员工学习台历等材料，有效地提升了员工安全的专业素质和专业技能。

以经常性、典型性、感染性等多种寓教于乐、寓学于乐的形式，开展全方位、多层次的安全宣传、教育、交流活动。比如围绕"安全生产、幸福生活"开展"事故触心""寄语动心""誓言铭心""祝福连心""座谈交心""真情暖心"等活动，进行优秀寄语、论文征集及评选、奖励，使安全意识、安全理念、安全作风、安全价值观根植于每位员工心中。

安全理念融入灵魂还要靠多种载体的运用、多种能量的汇聚。有的单位着力在从严"治"安、法规"管"安、管理"强"安、作风"硬"安、基础"实"安、人本"兴"安、全员"保"安等方面形成整体合力，将安全意识、安全理念内化于心、外化于行，成为员工的自觉行动。

为了让员工时刻谨记安全、保证安全，一些单位提出让安全理念、安全意识、安全责任入眼、入脑、入心、入行。将与岗位工作相关的安全制度、工作标准悬挂在显眼的墙面上，让员工可以随时看到、随时学习，此为"入眼"；通过多种有效的形式和方法，引导员工学习了解制度、标准，使之"入脑"；举行调考、知识竞赛，让员工融会贯通安全制度、标准，做到"入心"；结合实际整理修订完善制度、工作标准、工作规程、流程、作业指导书等，建立考核机制和激励机制，巩固和形成安全生产的良好习惯，达到"入行"的效果。

很多单位的安全文化活动从细微处入手，从拉近与员工的距离入手，从新鲜、新颖的方法入手，将安全理念逐步注入员工的心田。有的单位开展了"三小"自我教育活动，即发动员工讲述自己在安全生产中亲身经历的小故事、不安全经历以及和安全生产有关的小经验、小创新，变个人教训为大家的经验。某公司针对季节性作业特点和高风险的作业现场，组织以不打招呼的形式对施工现场、各级管理层和执行层进行"安全焦点访谈"，"访谈"抓住普遍性问题、容易被忽视的问题、潜在的问题，既进行执规检查，又了解基层单位安全现状，组织分析存在问题的根源，提出整改措施，落实闭环管理。对访谈过程进行录像，制成视频资料，不但对被访谈单位、个人起到教育提高的作用，而且成为该企业安全思想教育的深刻的、生动的宝贵资料。

某工区安全活动不是"一锤子买卖"，而是"三个回合见高低"。第一回合是"找碴儿"。该工区坚持在日常工作中收集存在违章作业或者安全隐患问题的照片，及时组织员工来共同找碴儿，引发大家对执行规章制度要一丝不苟的积极思考。第二回合是"诸葛亮会"。这种安全管理的"诸葛亮会"，重在组织员工共同梳理总结近期安全工作中存在的不足，让在"找碴儿"过程中持有不同意见的员工敞开心扉，大家集思广益，商讨改进之后，确定安全工作的最佳方案。第三回合是辩论赛。这是前两个回合的继续，对前两个回合没有说透、说清的，仍有不同意见或有新的见解，可以在每月的辩论赛上唇枪舌剑，一论高低。反方进行申诉，正方进行反驳，通过情理交融地辩白、以理服人的辩论、观点的交锋，可以传播更多不同的声音。三个回合的碰撞，员工既是参与者，又是受教育者，使对与错、是与非，不该这样做、应该怎样做等问题最后解决得清清楚楚、明明白白，充分调动了员工学习安全知识的积极性。

长期安全运行的某变电站的一个重要法宝就是安全文化融入员工的一言一行，化为保证安全的自觉行动。一进大门就见到用树植成的、四季轮回的"安全生产"四个绿色大字。移步上前，电子屏显示的是"安全第一"。在通向主控室的楼道上，"责任重于泰山""没有消除不了的隐患，没有避免不了的事故""我走上光荣而神圣的岗位"的鲜红警示牌如警钟长鸣。这里的环境浸透了安全文化，"党员安全责任区""'五无'安全标兵""安全示范岗""安全决心书""上岗保证书""安全小指标考核""安全违章撕票"等活动入脑入心，以及提高学习能力的保值升值考试制度、平时点滴养成岗位动态管理制度、经济责任制考核办法、职工安全运行行为规范等细化、硬化制度，使安全意识融入了职工的心里，形成一种"专注力"。也正是这种文化形成的"专注力"，使员工冬去春来，始终如一，于无声处，见微知著，先后发现了各类设备缺陷300多项，使电网在一次次化险为夷中安全运行。

2. 融于自主保安的培养锻炼

某矿为了营造出"人人讲安全、时时想安全、处处要安全"的氛围，着力在"行为引导、岗位保安"上做文章。他们按照"应知应会——行为训练——习惯养成——品格塑造"的步骤，进行全员安全培训，形成了"班前点评——安全宣誓——举旗排队入井——现场安全预想——集体升华"的安全礼仪模式。

很多单位不仅注重安全意识的培育，而且还结合安全生产主题活动和管理重点组织安全专业技术人员或聘请专家讲课。除了开展上岗作业技能、安全法规等专业培训外，还在基层班组作业间、施工现场等人员相对集中的地方宣讲、普及安全知识点，演示安全操作技能，并与员工现场互动、答疑解惑。

制定现场安全工作标准，明确职工应该做什么、怎么做、做到什么程度。要求职工必须执行手指口述、岗位描述，干每件事都要经过叙述、确认、操作三个环节。布置任务——班员各自复述自己的工作——作业人员按照唱票人的指令一步一步地进行操作，虽然方法较原始，但都能保障每一步的操作是安全的。

有的基建单位在施工场地路口挂上"为了您和您的家庭幸福请注意安全"的标语；在现场入口挂上"进现场请戴上安全帽"的宣传画；高空作业处写上"高处作业要戴好安全帽""高处作业不要掉东西"，龙门吊大桥上写上"不准违章指挥冒险作业"，塔吊塔身写上"集中思想、精准操作"等醒目标语，整个施工现场充满浓厚的安全生产气氛，随时都可提醒员工注意安全。

某公司花大力气开展危险点预控工作，他们从人的不安全行为、物的不安全状态、作业方法及环境变化等因素入手，分析现场危险因素，建立危险点数据库，随每项任务、工作票一并出示危险点分析预控卡。工作票签发人、工作负责人、工作许可人按照要求使用预控卡，并结合现场实际情况滚动补充危险点及预控措施。通过多种方式，提升了全员对风险的辨识能力和控制能力。

建立长期"人的非安全行为分析警示"制度，通过各项培训、座谈会、交流会了解员工思想动态，走访施工现场，多层次、多角度、多形式开展人的非安全行为分析警示，培养员工做老实人、办老实事，小心谨慎，不图省事，杜绝一切意外发生。某矿组织"三违"职工过六关，即通过大屏幕曝光、女工协管帮教、学习班反省、区队领导谈话、同事结对帮扶、家人的叮嘱规劝后方可上岗作业，让违纪人员真正吸取教训，让其他人员引以为戒，防止类似问题的再次发生。

3. 融于团队精神的内聚感染

团体内部具有的使其所有成员不轻易脱离的吸引力，成为团体内聚力。团体成员自觉地维护团队利益，实现团体目标，对团体的工作有强烈的责任感和义务感，从而使团体表现出很高的凝聚力和整合性。团体内聚力可以分为三个层次：一是团体结构的外部层次，这一层次以人际关系的直接情感为主，是内聚力最低的层次；二是团体成员对共同活动有关的基本价值取向一致性，并在此基础上来统一成员认识，使关系更为密切；三是最高层次，要求成员更多地将团体的共同活动和活动目的内化为个人的意识，从而使成员对共同目标的看法有着一致的态度。一个团体的学习风气、技术状况、遵章守纪、严细作风非常重要。比如，"在操作中，一点也不能差，差一点也不行""99%把握不行，必须100%""按章操作就能稳操胜券"，这些操作之魂如果变成团体成员的自觉行动，就可以成为避免误操作的一种动力。

一个平均年龄28岁的运维站的班组文化特点鲜明：要让班组看得见、听得到，要让员工易接受、见行动，互动共享，把共同维护班组精神与共同维护变电设备融为一体。大家认同"一起共事是缘分、互相支持是情分、快乐生活是福分、干出成绩是本分"的"四分"班组文化信仰，"持续学习、敬业爱岗、管理一流、创先争优、环境优美、气顺人和是我们的追求"的班组愿景，"操作精准无差错、维护精细无遗漏、巡视精心无隐患、超越安全记录每一天"的工作要求，既是共同的追求，也是行动的准则。为了解决好文化是空的、虚的、软的误解，他们形成了理念看得见、制度看得见、行为看得见、典型看得见、过程看得见、结果看得见等"六个看得见"的班组文化新风采。比如行为看得见，是指严格遵守企业行为规范，把企业价值观与员工行为对接起来。如果变电站内某台设备发出错误信号和报文，不但要进行复归，还要搞清楚错误发出的真正原因，从根本上解决问题，保证消除任何可能的安全隐患，让安全行为真正"看得见"。

安全文化中有一种形态是安全人文文化，其核心是安全情感观，出发点是让员工和家属体会到领导的关心，体验到企业的凝聚力和向心力。对于一个团体来说，成员之间的情感、关心和帮助无疑是一种强劲的黏合剂和向心力。例如，开展形式多样的"四不伤害"教育；开展大事、喜事、难事必访活动；发挥亲情效应作用，在家庭、家属中筑牢安全生产第二道防线；在生产生活区域营造"我为人人、人人为我"相互提醒注意的安全文化氛围。

团体内部的关心、关爱不但要讲实效，而且要及时。例如有一个员工父母多病、家境不好，为了筹备结婚多攒些钱，在不上班的业余时间卖服装挣钱，比较辛苦。班长和车间主任关心他，没有按照制度规定要求他，甚至在他缺席车间的安全活动时也没追究，导致有一天他因疲劳过度、注意力不集中发生事故身亡。这件事告诉我们：安全人文文化的柔性功能应在员工没有受到伤害、没有发生事故之前，就受到倍感亲切的安全思想教育帮助和生活上物质帮助，做到知其难后解其忧，而不是带"血"的关心和迟到的帮助。

4. 融于善小活动的长期实践

电网公司总结推广了"善小"活动，使"善小"从最初的一个词、一句口号，成为一种灵魂，一种精神，渗透到企业管理的方方面面，存在于员工工作生活的点点滴滴之中。

"善小"取自古语"勿以恶小而为之，勿以善小而不为"。"善小"从最基本的人性出发，唤醒人们沉积在心灵深处的"向善"意识，用"善"来引导员工的精神追求，容易引起认同和共鸣。

"九层之台，起于累土。""善"加了个"小"，力所能及，加在一起反而是一种大善。倡导从小事入手，广泛地发动员工做好每一件小事，以

"善小"为载体，企业文化、企业安全文化就有了实实在在的平台。

"善"是中华民族传统美德的精髓，也是人性中最本质的部分，人人都有一个"向善"的心。围绕"善良、善待、善于"开展道德教育和实践活动，既能助推人们修身立德，满足人们内心向善的渴求，又能体现积极履行诚信、责任、创新、奉献的社会责任的企业形象。

"善小"活动大力倡导立足岗位、干好本职，从小事做起，从身边事做起的职业理念。一些单位把"善小"变成精益化管理和人性化管理的手段，宣传"我是本岗位最高责任执行者""大事做细，小事做实"等职业精神，将"善小"融入本职工作，强有力地促进了安全生产工作任务的完成。通过持之以恒的从小事、从细节管理好人的行为和动作，使员工形成一种习惯，最终实现安全生产的能控、可控、在控。一次济南铁路局淄博段出现断电事故，需要供电公司协助解决。该供电公司用电检查班冒着严寒，连续奋战4个小时排除故障、恢复供电。本来可以说是任务完成了，但他们发现这个铁路段存在线路老化的问题，仍不辞劳苦继续工作，进行详细检查，在掌握一手资料的基础上形成具体的长篇报告，使淄博铁路段申请到整改资金，从根本上消除了事故隐患。

一位党的十八大代表、中国电力楷模的事迹很感人，实际上，他是在平凡的岗位上、干好一件件安全生产的小事。小中有大、小中见大、小中成大，善小而为铸永恒，"安全是永恒的，我的责任也是永恒的"。

他巡视的线路共有179基铁塔，沿线山地丘陵地形占99%，是当地"线路最坏、导线最旧、线径最细、离地最高、环境最差、巡护难度最大"的线路。37年的巡线生涯中，他跋山涉水、爬冰卧雪，对杆塔外形、地理环境、风向、覆冰现象、雷击情况都清清楚楚，做到线路上每个隐患、每个事故易发地段都了如指掌，在旁人不经意的小事、小问题上及时捕捉着输电线路每一丝变异。通过及时发现和解决巡线中的小事，保证了安全生产的大事。他先后发现大小缺陷5000多处，为企业减少经济损失数千万元，确保了输电线路连续安全运行无事故。

5. 融于文艺唤醒的牢记安全

用文化艺术的多种形式来宣传安全生产，有着不可替代的感染力、渗透力。因此，很多单位注重培养和发挥文艺特长的员工在安全文化活动中的独特作用，用多种文化艺术的表演，生动活泼地宣传安全生产的重要性、必要性、迫切性，深受员工和用电人员的欢迎。

"各位老乡站一站，我说快板一小段，咱家电器都不少，用电不能忘安全。说安全、讲安全，粗心大意可不敢，灯口开关保险丝，弄不好会出大危险……"

"用电安全大如天，一生一世记心间，要想安全生下根，从娃开始得宣传。"

这位自编自演、打起快板说安全的是某市电业局员工张某。快板内容简洁、押韵上口、针对性强，容易引起听众的浓厚兴趣，使听众在笑声、掌声中，强化了安全意识。为此，他在电业局内部表演了《安全线连着幸福线》，在村头田间唱响《用电不能忘安全》，在线路清障现场宣传《银线是咱的幸福线》，都引起了强烈共鸣。在电业局组织的"安全从娃娃抓起"的宣传现场表演了《娃娃就要懂安全》，那朗朗上口的词句，一时成为孩子的顺口溜。这位安全监察部的员工还经常在施工一线检查工作的休息时间，掏出快板就地取材，现编现演，噼里啪啦一阵子，同事们听得心花怒放，工作的辛劳烟消云散，安全的观念也都随之得到了强化。张某先后参加过上百次演出活动，他根据不同场合，编写快板小段30余个，多次获得公司的一等奖、二等奖。同事们佩服地给他起了"张快板"的外号，他乐呵呵地说："没想到小小的快板能为电力安全作一份贡献！"

该电业局精心编排的小快板、小唱段、小相声、戏曲小品、触电急救演示等深入工地、村镇演出，使大家在不知不觉中接受了安全教育。某市以企业安全生产、群众安全生活为主题，以小品、快板、舞蹈、三句半、独唱、表演唱等喜闻乐见、通俗易懂的形式，向群众宣传安全生产知识和理念。

一些传统的戏曲，如京剧、豫剧、黄梅戏、柳琴、四平戏等都成了安全宣传的生动载体。相传唐朝诗人白居易每作一首诗都念给老妇人听，不懂就改。安全用电方法难解，某公司就组织力量把它写成十多首歌曲，也做到"老妪能解"，用群众语言唱出来，开展用电安全歌曲大家唱活动，"唱"导用电安全，老少皆宜，效果也十分显著。

"电线下面莫堆草，引起火灾不得了""湿手不能摸电线，保持干燥记心间""光脚浇地易触电，穿上胶靴保安全"……扑克上面图文并茂、通俗易懂，把容易忽视的安全用电问题进行了提醒提示，让群众在娱乐的过程中克服安全上的麻痹心理。有的还设计制作精美的小扇子，印上安全用电常识，人们在摇扇驱热时受到教育。

安全条文以理服人、以标准管人，而一些公司编写的安全歌谣、安全"三字经"、顺口溜则是朗朗上口，以情动人。两者相互配合，便于记忆、便于执行，从而使刚性的安全管理与柔性的安全文化互相渗透，相得益彰。

某公司公会牵头成立了"农民工安全督察队"。他们根据热门神曲《大王叫我来巡山》改编为安全管理MV《大王叫我来巡检》，组织农民工当主角，自编自导自演了安全情景歌舞喜剧。工友们幽默的表演不仅展示了新时期农民工的风采，也寓教于乐地将安全施工理念印在一线员工心中。

安全漫画则是另一道风景线。一些基层生产单位存在看重生产、轻学习，对比较枯燥的安全理论知识学习积极性不高的问题。为了激发工友学习安全知识的兴趣，某省电力公司检修分公司的班长王某用一双巧手、一支秀笔，一张张生动有趣的图案，一个个寓教于乐的符号，让安全漫画进入员工的视线和脑海。专业画家绘画功底好，但缺乏现场经历，而王某在生产一线摸爬滚打了20多年，对各种安全隐患、习惯性违章行为的表现及危害再清楚不过了。他画的漫画，都是真人真事，惟妙惟肖，用他丰富的现场经历和一线经验，经过艺术地勾勒，转化成为一种特有的安全意识。在该分公司的安全文化走廊里，安全漫画后面有块留言板，不少员工写下了观看安全漫画的感悟，以及生产作业中的经验教训，互相交流，共同提高。另外一位班长电脑操作水平高，他把王某的安全漫画制作成电脑动画，变黑白为彩色，变静止为动态，趣味性更强，更吸引人。

一般来说，一个人走路遇到一堵墙，他会立即停下来以免撞上，这是因为安全的意识已经浸透到灵魂深处。如果在生产实践中"防撞"的意识浓厚，安全生产已成为自觉的行动，那么还会有事故发生么？只要把安全融入日常生活、工作，让安全生产的理念"内化于心，外化于行"，就可以真正实现安全生产了。

有人认为，文化可以用四句话来表达，即根植于内心的修养；无须提醒的自觉；以约束力为前提的自由；为别人着想的善良。如果安全文化活动真的起到了这样一种作用，形成这样一种局面，安全生产就有了广泛的群众基础，就有了坚实的保证。

第六章 总体调控上，
安全生产硬于一切、强于一切

安全生产总体正在向好的方向发展，但形势依然严峻。

各单位、各企业在安全生产上做了大量有成效的工作，但谁也不能保证本地区、本单位不会发生事故。当然，这里边包括客观因素的原因，但也有工作掌控不到位的地方。

这就迫切需要进一步从整体上明确方向和目标，进一步厘清工作思路和工作路径，进一步突出重点、抓住难点、解决疑点，进一步在基层、基础、基本功上下功夫，努力实现安全生产的可控、能控、在控。只有让安全基因融入企业管理人员和生产人员的血脉，打通员工安全管理的"任督"二脉，才能敲开长期保证安全的大门。

近年来很多企业以本质安全为抓手，进行了富有成效的实践探索。一些煤炭、石油、钢铁、电力企业，从不同角度开展了创造本质安全型企业活动。国家电网公司 2016 年出版了《关于强化本质安全的决定》，明确本质安全是内在的抵御事故风险的能力，其实质是队伍建设、电网结构、设备质量、管理制度等核心要素的统一。

本质安全就是通过追求企业生产流程中人、物、系统、制度等诸要素的安全可靠与和谐统一，使各种危害因素始终处于受控制状态，进而逐步趋近本质型、恒久型安全目标。说得再明白些，就是把握影响安全目标实现的本质要素，以危险辨识为基础，以风险预控为核心，以切断事故发生的因果链为手段，通过思想无懈怠、管理无空当、设备无隐患、系统无阻塞，实现质量零缺陷、安全零事故。

正因为如此，需要在前面"八个一切"的基础上，牢固树立安全生产硬于一切、强于一切的理念，推动安全生产的科学发展。

一、确立责任落实的硬标准，做到作风强

责任是企业管理过程各个环节得以有效运行的根本保证，是激发员工工作能动性和工作潜力的核心要素。安全责任管理就是对这一核心要素的合理划分和科学管控，达到自动、自发、自我管理，使安全工作落实到位。责任管理可以分为定责、告责、评责、问责、连责、审责、修责、知责、熟责、负责、守责、自责、补责、尽责等十四个环节，体现人与岗位相统一、权利与义务相统一、管理与被管理相统一、决策与执行相统一。

安全生产涉及人员多、设备多、场地多、变化多并且具有潜在性、突发性、牵动性、复杂性等综合因素，更需要从责任管理入手，建立全员、全方位、全过程保证安全体系和机制的建立，纠正推诿扯皮、拖拉疲沓、漂浮虚假、得过且过等不负责任、不尽职尽责、不真抓实干的不良作风。

1. 定责于全覆盖

有一部电影中，我军选择在敌方两个部队的结合部作为突破口突破敌军长江防线。由于敌军注重保存自己实力和守好自己防区，而把结合部都推脱给友军，留下了缝隙和空当，被我突击部队钻了空子，撕开了口子，打乱了敌军的部署，促成了攻击的胜利。

在安全生产活动中，也有班与班工作的交接时、工作分工的结合部，工作进行的交叉点、人员调整的衔接处等结合部，在责任分工时都要时时明确、处处清楚，不留虚空。

有一篇报道中讲了这么一件事，说的是墙角有一片卫生责任区不明确，有一位机关干部主动承担下来，坚持与自己单位的责任区一起及时清

扫干净。一次，他出差几天，没能清扫，碰巧赶上上级卫生检查来到那片墙角，发现地上有很多烟头，给单位扣了分。领导很生气，了解到那片卫生区平时是这位机关干部清扫的，当即扣除了他的月度奖金。这位机关干部感到很委屈，自己平时做好事没有受到表扬也就算了，没想到因此还挨了批、被扣了钱。

从单位来说，责任划分有空当、有死角，这是管理上的缺失。对于个人来说，发现这种情况应该先向领导汇报，进行调整分配。主动负责精神可嘉，但方法不可取。

2014年7月底，台湾高雄发生石化气爆炸事故，逾6公里长的数条街道因惊人的爆炸而塌陷碎裂，导致26人死亡，269人受伤，2人失踪。"如果不是施工或人为破坏，应该是管道遭到腐蚀或疏于维护。"这是一种分析。还有人根据初步信息判断，管道老旧造成的接缝泄漏，或是雨水造成的管道腐蚀，都可能造成泄漏。气爆点处于闹市，丙烯聚集在下水道内，遇到汽车、饭店或居民家中的明火后发生爆炸。市政府表示，全市地下管线网资近10年才建立，爆炸区是老管线，管线中有什么，管线属于谁，目前无资料可查。

不难看出，这是一本"糊涂账"，典型的责任不明、落实不行，出事故是早晚的事。

安全工作谁都说重要，有的单位甚至出现"九龙治水"的所谓重视。只有在责任的科学性、严密性、实用性上进一步细化和硬化，才能变重要、重视为可靠的行动。为此，很多单位从以下五个方面量化细化安全责任：

既注重要点又兼顾一般，从企业领导到基层单位负责人到专业部门负责人、安全生产专职人员、班组长，层层签订安全责任书，形成"横向到边、纵向到底"的逐步负责的管理网络。

既注重做人的工作又兼顾设备管理责任。根据生产一线人员的思想、情绪、家庭、身体的变化情况，明确若干种情况下的责任分工。同时设立

"设备主人责任制"、工作负责人责任制，形成人人身上有指标，千斤重担大家挑的局面。

既注重当前又兼顾长期。针对人员的变换、设备的更换和一些长寿命的安全设施、设备的变化情况，注重责任分工的阶段性与长期性的延续和连接，防止潜在的问题发生。

既注重安全保证体系又兼顾整体体系。以安全生产"人人有责、各尽其责"的各级安全生产责任制为核心，各系统、各部门从不同角度、以不同的方式全员保证安全，同时建立配套的安全监督体系、风险管理体系、应急管理体系、事故调查体系等安全管理体系。

既注重明确责任又兼顾权力和利益。就是常说的责、权、利要统一，使大家既有压力、又有动力，勤勉工作勇于负责。

2. 知责于全准确

责任分工到单位、到部门、到车间、到班组、到个人，首先需要知道、熟悉、理解责任内容、范围和具体要求。

有一个工厂的门卫，非常认真负责，按照厂长的要求，对进出的人员严加盘查。过了一段时间，厂长发现产品丢失严重，就问责于门卫。门卫说，"这不可能，凡是出大门带东西的我都一个个检查，尤其是经常有人提着带着箱包出厂，我都让其打开检查，没带东西后才放行"。厂长一听，连呼："完了！完了！我们是箱包厂呀！"

责任没搞清，认真负责等于零，甚至还起副作用。安全责任不搞清，停留在文上、纸上、墙上作用不大。

所以，各级安全生产管理人员和生产一线人员以及相关人员，都必须对安全责任认真学习，深刻理解，做到准确无误。

由于岗位不同、职责不同、理解能力不同，看问题的视角也会不同，上级对下级、领导对员工有宣传、解释的责任。一方面，通过宣讲、座谈，使理解更加全面，消除误解，增加互信和支持。同时，还可以发现一些模糊不清的问题、责任界定不准的问题和一些有争议的问题，通过讨论修改，便于更好地执行。

责任条文一定要烂熟于心。如果离开了责任条文，就会有不清楚的地方和遗漏的地方，就会影响到具体责任的落实。

熟知责任最好要形成一份贯彻落实责任的实施办法，把自上而下的责任分工条文变成更加切合实际的、可操作性的、非常明确的落实意见，既便于上级检查，更便于指导和约束自己的行动。

3. 履责于全落实

但凡安全上出问题，都离不开责任。责任落实防范事故是最终目的，但落实得怎么样，取决于落实的强度和执行的力度。

落实责任，不是给领导看的，是给自己干的。有的干部和员工习惯于上级怎么说就怎么干，干工作是给领导看的这样就处于被动的状态。领导讲了、强调了、在场了，就认真些、干好些，反之就放松了、应付了。而安全责任其实是给自己干的。责任已经划分明确，干好干不好、落实不落实就是你的事，所以，说了算，定了干，尽职尽责，不但是给单位干的，更是给自己干的；不但是为了经济收入，更是为了生命安全。

落实责任，需要进入状态，专心种好"责任田"。忠于职守、勤勉尽责是每个安全生产人员起码的职业操守和道德品质。每个人的能力有大有小，但责任心必须是全心全意的。然而，不是所有人的责任心都是与生俱来，并能长期保持的，它需要后天的培育和呵护。因此，必须强力推行"进状态、用全力"的管理活动，实实在在地落实安全责任，即进入工作岗位同时就进入保证安全的良好精神状态、身体状态和思想状态，全神贯注、全力以赴、全过程地做好本职工作。

落实责任，不怕有问题，就怕有问题却不重视。生产活动，实际上是在不断解决问题中推进的，除非在停止状态，否则都有问题相伴，无非是大与小、显与隐、急与慢之分。所以，正确对待问题和解决问题是不容回避的。同样的情况，有人习以为常，感到关系不大，而有人却能从中发现不正常的问题；有人也感到有问题，但不至于马上出事，觉得过了这一班就万事大吉了，而有人立即警惕起来，积极处理；有人有疑问或不是自己解决的问题就不愿"多管闲事"，而有人及时反映，这不是多管闲事而是负起责任。显然，两种做法，结果截然不同。要想真正地负起责任，就不能回避问题。有句老话说得好：成绩不说跑不了，问题不说不得了。只有树立正确的"问题观"，不怕问题、正视问题，正确、积极、稳妥地处理问题，才能保证自己的责任区、责任岗、责任班安全无事故。

图省事，怕苦、累、脏、险，是履行责任保证安全的大敌，是消极、躲避、拖延的不良工作姿态；在工作现场，往往表现拈轻怕重、遇到问题绕道走，甚至操作不认真、巡视不到位，填写记录有虚假。这种情况在老师傅身上一般不会发生，长期严谨认真的安全工作使其养成了为了安全乐于吃苦受累、不怕脏险麻烦的奉献精神和务实作风。这种难能可贵的好传统非常值得新员工和年轻员工继承和发扬。

落实责任，不忘初心，坚持始终。有这样一位老木工，几十年来对技术精益求精，木工活保质保量，深受用户的好评，为公司赢得了不少利润，受到老板的器重。这一天，老板对这位木工说，你几十年来干得很好，现在给你一份图纸，你按要求建好这套房，就可以退休了。木工感到就要退休了，工作标准降低了，工艺水平也明显降低了，甚至整套房的质量也不尽如人意。房子建好后，老板说这套房子就给你了，是对你几十年辛勤工作的奖励。木工住入他一辈子建得最差的房子里，心里后悔不及："要是知道是给自己的，说什么也要建得好好的！"这位一直坚守质量的木工退休前"松了口气"，却留下了长期的遗憾，值得安全生产人员引以为戒。落实责任必须贯穿于工作的始终。有的员工常常开始有热情，后来不知不觉地"降温"了；有的工作组织严密，但到了结束时却放松了管理，出了纰漏；也有老师傅一辈子认认真真，但快退休时放松了要求，虎头蛇尾坏名声、害自己。大量事实说明，落实责任要真到位、全到位，用始终如一的责任心落实责任制，做一位让领导、家属和自己都放心的安全生产工作者。

4. 评责于全激励

评责主要是对落实责任的情况进行检查、讲评、总结、奖惩，促使落实责任的工作更加扎实。

要依据责任分工和单位、个人的责任分解（落实责任的实施办法），做到平时抽查、定期检查，季度、年度总结。检查讲评一是忌虚、浅，走走看看，遛遛转转，形势大好，找不出问题，以成绩和希望做总结，这样的评责意义不大。二是忌不公正，厚此薄彼，做不到一碗水端平，评得不服气。三是忌干好干差一个样，干多干少一个样，干与不干一个样。

要评出干劲来。通过实入现场，全面了解第一手资料，找出尽职尽责好的方面、一般的方面、不足的方面尤其是可能引发问题的方面，入责、入情、入理，激发责任者的干劲。

要评出差距来。即实际工作与责任分工的差距、本单位与先进单位的差距、本单位内部的差距，都要找出来，而且要准确、具体。差距的产生与思想认识、工作标准、经验能力和岗位的局限有关。找不出和看不到差距，容易满足现状、心安理得。当认识到有差距、差在哪里、怎么改进时，无疑会着手于补足短板，迎头赶上。

要评出典型来。对于责任落实好的单位和个人，要给予表彰奖励；对于落实不到位的单位和个人，虽然没有发生问题，也要进行批评指正，提出整改要求。从中选树先进典型，介绍其成功的经验和做法，指导和推动落实责任的工作更扎实地开展。

5. 追责于全公正

一旦发生了安全生产事故，就要依据安全责任分工和相关法律法规追究责任。现在，对于后果严重的特大责任事故，国家安全生产总局介入救援和调查处理的同时，高检也介入查办违法人员。江西丰城电厂三期在建冷却塔施工平台倒塌特大事故，调查初期就依法对 9 名责任领导干部和 6 名相关人员进行刑事拘留，为以后进一步依法依责查处"打了前站"。对于非特大责任事故的责任追究，也要坚持维护法律的尊严、维护责任制度的尊严，给国家和人民生命财产的损失有一个经得起检验的说法。而且随着依法治国、依法治企机制的不断完善，事故后的责任追究要给公众一个公平、公正、公开的交代，畸轻畸重的处理已成为过去。

追责无遗漏。依照责任分工追究责任，是什么责任就是什么责任，是谁的责任就是谁的责任，重板子、轻板子、大板子、小板子，该打的都要打，一个不遗漏，大家自然都服气。

追责无情面。在安全生产上，大家都赞赏铁面孔，对谁都一样。如果照顾关系、考虑背景，追责就会变成走形式。照顾关系、讲情面，结果照顾的是失责、违章，搞不好是向"地狱"发放通行证。真正的照顾关系应该是照顾按规章制度办事、落实责任。

追责无减免。有些人认为，一直表现好，这次是偶然；工作忙得团团转，出点"小事"实属难免；工作骨干有贡献，违章处理应减免。这些看法都是片面的，如果在平时生活工作中有些缺点、小毛病，不必求全责备，那么在安全生产中则要功过分明，成绩是成绩，问题是问题，有了问题该怎么查处就怎么查处，任何人都不要存侥幸心理。还有一种情况，有的安全生产中的骨干，自己的"责任田"种好了，有时还主动顺手帮助别人，结果却发生了意外，受到了处理，大家都为他惋惜。有一则新闻故事，讲了有人好心办坏事，情理冲击"法理"的经过，也是令人惋惜。但法律面前无特殊，无论如何，安全生产中坚持守法守责是一条铁律。

同时，要注意分工细、落实难的问题。责任分工也要精准，《三国演义》中，诸葛亮分给马谡守街亭责任的教训告诉我们，马谡有责任，诸葛亮也有责任。把安全工作交给能承担起任务的人，再明确责任，这是知人善任，也是对安全责任的负责。反之，交给负不了责的人去负责，一旦"失了街亭"，再去追究责任，工作损失就难以挽回了。马谡受到重处，诸葛亮也自贬三级，给大军北伐造成的后果更是遗憾千古。

正因为如此，只有定责、知责、履责、评责、追责为一个整体，环环紧扣，步步到位，形成闭环管理，安全责任管理才会成为安全管理的一个重要载体，而具有旺盛的生命力。

二、打造队伍建设的硬功夫，做到素质强

人是安全生产的主体，人的不安全行为是事故发生的最大隐患。打造一支素质高、作风硬的员工队伍，是实现企业安全生产的有力保障。

人的本质安全相对于物、系统、制度等三方面的本质安全而言，具有先决性、引导性、基础性地位。

人在本质上有着对安全的需要，这是安全生产队伍建设的初始条件。而在此基础上锻造本质安全型员工，则需要具备想安全、会安全、能安全的技能条件，在可靠的安全环境系统保障之下，能够保障安全的生产管理者和作业者。

1. 建立高标准——解决好"我想安全"的问题

安全生产人员从事生产活动，需要与之相适应的安全技能：看家本领、保命本领、挣钱本领。这种技能不能凭感觉、凭胆大、凭效仿、凭自信，而应具有与本职工作相适应的专业技术能力和安全预防能力。这两种能力中，既要有本单位共性的安全预防要求，更需要对不同工种和岗位，不同的工作任务和环境条件，都应该建立和健全安全技能标准体系。

我们通常所说的要"想安全"，这里的"想"不是停留在人们对安全需要的本能和人人需要安全的良好愿望上，不是坐而论道的"空想"、脱离实际的"妄想"，而是认清和明白"怎么去想""怎么想才对"，思路清

晰、方向明确、方法科学地"想"。

安全理念引领"想"。安全理念是灵魂与先导，是安全指令和信条，是安全工作的出发点与总开关，需要根据不同企业、不同车间、不同工种与任务，确立具体的安全理念，并有明确的释义，使员工在安全理念的指引下矫正自己的行为。并用安全心理调节指导我们在情绪安全、心态安全、性格安全以及思想方法等方面都健康发展。

专业理论指导"想"。各专业都有自己的专业书本或理论、教材，都是科学知识与实践相结合的产物，也都有高、中、初级之分。这里所说的专业理论，侧重于各企业选定或编印的专业理论书刊资料，这更贴近生产实际，更具实用性、指导性。在生产实践中针对员工因为专业理论的缺乏而导致行动上盲目的问题，梳理出来，在理论上说出个一、二、三来，让员工学习掌握，用以指导实践，更加理性地从事安全生产活动。

安全技能规范"想"。安全生产技能包括完成一项具体工作应具备的基本技能并不仅仅是老师傅都知道，新员工跟着干就行了，而应该专门列出本专业（本项工作任务）应具备的若干种基本技能，并进行准确地说明或描述，使员工心中有"谱"，实际工作中有"准"。有的单位围绕现场安全精细化管理、现场施工技术规范，作出了学习培训和实际操作的具体要求，效果就会大不一样。

安全法规约束"想"。安全生产法和各单位的安全生产规定，既有权威性、强制性，又有真正地爱护和保护安全生产人员的针对性和实用性；既是用生命和血汗的教训凝聚，又是安全生产经验的科学总结。毋庸置疑，安全生产人员平时必须记住安规内容，理解安规要求，掌握安规如何执行。否则，就没有资格从事安全生产活动。

自保能力踏实"想"。自我保护能力主要是指发生事故时，如何保护自己、如何救护他人的技能。这不能等同于人的一般求生技能，而是在所从事的生产和环境条件下，对可能发生的各种事故预先知道并掌握的保护自己、救护他人的具体方法和措施。而有些事故，一旦发生往往难以自保，这就要把自保能力放大些、超前些，着力在预防事故发生的能力上下功夫，从蛛丝马迹上发现问题，在正常中发现异常，从预感里进行查实查证，从而避免和消除事故，从根本上实现"自保"。

人们常用"心想事成"来互相祝贺。如果安全生产者坚持朝着正确的方向并用正确的方法来想问题、想对策，只要头脑更清醒，技能更熟练，就能够进入角色，也能够"心想安全成"。

2. 打造硬功夫——解决好"我会安全"的问题

没有金刚钻，不揽瓷器活。没有过硬的安全生产技能，就不能从事生产活动。这是很简单的道理。

虽然大多数单位也都明确了上岗的条件，进行准入考试，但是功夫不硬素质不高的问题也一直是很多企业感到困扰又急需着力解决的问题。为此，很多企业在员工提素上创造了很多的方法，也强有力地保证了安全生产的健康发展。

对于单位组织领导来说，应该进一步强化以培训为中心，采取多种方法调动员工参训的积极性，打磨和锻造一支过硬的队伍。

培训既是当下的事，也是长期的事。历来知名的企业都非常重视培训工作，把企业办成一所学校，倡导终身学习。一位著名的电器生产企业总裁说：企业是一座培养人才的学校，我们只是顺手做一下电器产品而已。这体现了这位企业家管理企业的方法，也是这个企业发展壮大的重要手段。把培训工作做好了，就会有高素质的员工，就有了发展的最重要支撑。再进一步说，把培训工作做好了，员工都能做到"我会安全"，企业的安全生产工作就不成问题。所以，培训不只是眼前急用先学，更要立足长远有计划、分阶段地逐步推进。

培训既是培训部门的事，也是大家的事。培训部门牵头组织培训是职能所在，但对于专业多、人员设备构成复杂的生产工作，培训工作又尤其需要各行业、各部门、各具体单位的紧密配合。也只有多层次、多批量、多分工协作，形成全覆盖、常态化的培训格局，培训才不会走形式，才能取得实效。

培训既是安全生产中的事，也是职工福利的事。当今社会已经进入知识经济、知识爆炸、信息涌流的时代，知识的更新是前所未有的。如果把拥有文凭和学历当作骄傲的资本，只"放电"不"充电"，忽视知识"刷新"，自身的能力素质就很难适应企业的发展。如果以工作忙"顾不上参加培训"或以经验够"用不着培训"，很容易导致"知识透支"或素质下降。因此，在安全生产领域内，大力倡导"靠学习培训提素、靠过硬功夫立身、靠安全实绩进步"的良好风气。现在有一个说法：培训是员工的最大福利，过年过节，企业发福利，平时为了方便生产生活的一些福利性东西，你要不要？肯定要。有的员工还把福利作为衡量一个企业条件好不好、拴不拴人的一个标准。说培训是最大的福利，就是说比平时和过节时企业发放的福利都要大，这话乍一听感到有点勉强，但仔细掂量，还很深刻。因为员工成长、成才的过程就是他们"自我增值"的过程，而员工水平的提高，又会提升企业的整体竞争力。还有更重要的一层含义：员工经过培训，安全生产的技能、预防事故的能力提高了，员工自身的安全、企业的整体安全有了保障，这不是最大的福利是什么？物质福利需要，安全福利更需要。要是真正搞明白这些道理，组织培训和参加培训的积极性就能保持下来。

培训既是少部分问题员工的事，也是整体的事。违章指挥、违章作业、违反劳动纪律、违责等"四违"人员，都应当被企业当作培训的重点。某矿业集团通过安全关爱、员工援助、情景体验、岗位风险识别、个人顿悟等环节，走进了员工内心，他们坚持因人施教，对每名学员违章行为发生的原因进行分析，采取不同的教育方式。在情景体验环节，根据不同学员的违章类型所造成的不同后果，结合其所从事的岗位、工种，量身定做不同的肢体伤害体验"菜单",使学员从心理转变和技能提升两方面重塑心智。对"四违"人员重点培训,不是为了折腾人、让人难堪,而是消除"危险点""治病救人"的需要。有的单位培训工作有误区,认为对抓住违章的重点人群进行单独教训就可以了,其他人就用不着再下大功夫了。其实,就员工队伍而言,抓住了已经发生"四违"问题的人员,其他人的情况也要区别对待。比如:新入职的大学生、岗位变动的员工、因病假、事假一段时间没上班的员工,以及担负新的任务、新的环境条件,设备更新等新情况,都应该在所在的单位组织各种大小规模不同的培训或短训,把培训的普遍性与特殊性结合起来,把工作状态的"激活"与提高安全技能结合起来,变被动培训为主动培训。

培训既要师父认真带,也要徒弟努力学。师父带徒弟是培训的一种传统的好方法。走不走形式,主要在师父。师者,传道、授业、解惑。新员工、年轻员工多数没有实践经验,一个经验丰富的师父,可以让丈二和尚摸不着头脑的小伙子、小丫头们迅速成长,完成独当一面的蜕变。中国有句俗语——"教会徒弟,饿死师父"。说的是旧时一些师徒间的关系。现代企业应该大力提倡"教会徒弟,乐了师父"的亦师亦徒、亦师亦友的现代师徒关系。如何使现代师徒制叫好又叫座?有的单位对师带徒教与学都有硬约束,考核师父是否具备资格、是否尽职尽责,徒弟是否能够独立顶岗、理论是否过关。每次考核都有师父教学验收评定、徒弟自我学习总结和车间主任意见三项考核。以前,有的单位只着重要求徒弟虚心向师父学习,师父说什么徒弟就得干什么,导致师带徒下功夫不够,甚至有名无实。对此,有的单位采取了让徒弟打分,单位摸底排查,让不合格师父下岗的方式。某供电局实行带不好徒弟,也能一票否决制度,如果新员工未通过第二年的岗位胜任力评价,则该基层单位当月的培训绩效就为零。促使师带徒的责任感得到了加强,徒弟学习的积极性也明显提高。有一位师父总结了自己的带徒"三招":言传身教、严于律己,处处做好样子;联系实际、互帮互学，师徒共同提高；交任务、压担子，逼徒弟尽快成长。有一位被称为悉心传授的好老师，在带电班 13 名成员中，他先后培养出 3 名带电检修高级技师、7 名技师、带电班被所在单位誉为"技师班"。某单位一个徒弟写了一首歌词：十年育树，百年育人，初来乍到，我是小树苗，时不我待，百年难求，师父勤浇水，徒儿快快长，待我枝繁叶茂时，参天固土庇荫一方，再把师名显……真是唱不完的师徒歌，唱不尽的师徒情。一幅幅"尊师重道、授徒如子，着力提高安全生产技能"的画卷正在不断地展开。

　　培训既要集中学好理论讲好课，也要注重现场体验、实战。部队的教育训练的成果要用实战来检验，就必须按照战时需要来训练，尤其是模拟战场进行逼真的演练。安全生产的课堂讲授是基础和先导，但必须把现场培训当作一个不可缺少的环节。而且，部队模拟实战，只是模拟而不是真正的战争。而安全生产是正在进行的工作，这种现场的培训往往更直接、更易掌握、更实用、更受参训者的欢迎。结合工程建设实际，把培训"大餐"送到施工现场，效果就是好。在某电建公司的施工现场，每项新工程开始的前一天晚上，班长、技术员都要结合工程建设和标准化建设的要求，对职工进行施工前培训。有的单位携手设备厂家，培养技能专家，安排员工到设备厂家培训，切实提高基层业务骨干的专业水平以及现场处理问题的能力。"实践出真知"。电力企业春季和秋季两次对运行设备进行大检修，很多单位不是为完成任务而组织检修，而是当作提高员工技能的好机会，一个现场一个现场地讲，一台设备一台设备地认识，同时传授设备安装、操作的技术要领和运行维护的经验，熟悉现场组织措施、技术措施、安全措施，使设备检修的过程又成为练兵学本事的过程。某供电公司组织相关人员到新建智能变电站，利用设备调试未投运的机会进行现场运维培训，熟悉规范操作和后台程序的应用。有的单位针对雪天等恶劣天气出现的不利因素，组织人员一边巡查一边进行发现和处置异常的现场教学，提升员工特殊情况的预防和处置能力。很多单位高度重视平时的演练，题目设置合理，模拟各种突发事件，真实地反映了突发事件的应急处置过程，通过没有脚本的演练，提升应急实践的能力。

既要集中培训，也要各种方法一起上。由于每个班组每位员工的技能情况，培训需求不同，传统的培训方式容易出现针对性不强、员工参与热情不高、培训效果不明显等问题。正因为如此，很多企业解放思想、实事求是，创造了很多新的培训方法。有的着力创新培训机制，将"调查（评价）、分析、反馈、整改、提升"这五个步骤进行闭环管理，全面加强培训项目全过程管控。有的实施"培训、练兵、比武、晋级、展示"五级培训步骤递进助职工提素。某单位制定了竞赛调考激励的实施意见，开展长赛不断线，短赛攻关活动，以赛代训，在赛中学，在比中干，最大限度地激发了员工潜能，营造出浓厚的争先氛围。同时，为使培训看得见、摸得着，开展互动式培训，"人人都是参与者，个个都来当评委"，促使"人人上讲台，个个当讲师"；讲师不再是课堂的主角，多角色讲师激活了"讲师面孔"；课堂不再唱"重头戏"，现场实践活跃了培训氛围。某单位在班组大讲堂中引入了"翻转课堂"新型教学模式，将常见故障分析、课堂商讨（分组研讨、辩论）、一线员工登台讲授结合起来，让一线员工当主角，极大地调动了员工学习的自觉性和主动性。"翻转"了过去理论多、实践少，听得多、练得少的培训模式，还运用"问题情景式"教学法，模拟故障情景，实施全流程全要素"实战"化抢修作业，引导一线员工逐步提升故障分析和排除能力。

为了从源头遏制安全生产事故的发生，某单位狠抓基础培训，并受超市自选购物的启发，建起"安全培训自选超市"。打开该网页时，只见"超市"内各种"商品"琳琅满目，文字、视频、漫画、图片等映入眼帘，受到了员工的热捧。"三面走，四面看，杆塔中间站一站，山区、野外要结伴……"在微信群里进行点餐式培训，发布安全工作小知识、开展每日安全一问一答、举行空中安全日活动等，让员工在微信群中随时"点餐"，随时参加微信安全课的学习，了解安全教育活动的最新动态。某单位建设掌上学院，员工下载 App 应用程序后，可利用碎片化时间在线、离线学习，采用自由练习、答题闯关和对战练习等游戏化、趣味性的形式，扩展了学习的时空难度。通过微信群沟通交流，老员工传授工作中的注意事项及小技巧、小经验，新员工请教和咨询技术难题，增强培训效果。一些单位积极搭建"互联网+"培训平台，通过把传统优势项目与互联网相融合，建立网上学习系统，打造"上网能练兵、线下能实践、闯关能晋级、学习能出彩"的职工学习新模式。将虚拟现实技术引入员工培训，是将 VR 技术植入信息通信培训领域。在长宽各 3 米的区域内，戴上头盔，拿起手柄，选择工作场景后，便能进入模拟的场景内，手柄射出激光可以具体操作场景内的机器。

某单位针对员工起点不同、经验不同、培训方向不同，分别为新进人员、生产骨干和管理人员量身定做培训计划，落实差异化培训。按照"因需施教""量体裁衣"的原则，某公司推出"订单式"培训模式，针对不同员工的特点采取不同的培训方式，增强了培训工作的针对性和实效性。哪里有知识盲点，就哪里进行精准培训；将日常容易忽视的细节问题放大，使诸多安全隐患被一一挖掘并逐个化解；在"月月有具体要求，人人有具体内容"的落实中，组织随机测试的"微考堂"；每周一课、每日一练，以及专业对接企业创新技能人才培养模式，还有编唱歌技能的特色培训等各具特色、注重实效的培训，都为员工"我会安全"注入了活力和能力。

3. 激发正能量——解决好"我能安全"的问题

"想安全""会安全"，最后体现在"能安全"上。这里的"能"，是"能够"，是靠能力和发挥主观能动性达到"能够"安全。

"我能安全"的能力，是完成安全生产任务的能力，也叫胜任力，一般来说包括观察力、记忆力、注意力、想象力、操作力和动手力等。

对于具体从事安全生产的员工来说，需要注重锻炼提升以下六种能力。

爱岗敬业，在于执着。有一个心理学家曾举过一个例子：美国建立第一个农业大工厂时，需要雇用一批保安人员，由于当时劳动力过剩，工厂提高了用人的标准，规定雇用的条件为高中毕业以上文化，并且具有三年警察或者工厂警卫的经验。但按照这个标准雇用的保安人员工作后，感到所从事的工作只是检查进门的证件，太单调乏味，难以容忍，因此对工作漠不关心、不负责任，而且离职率很高。后来雇用只受过初等教育的人来担任这个工作，他们对工作满意，责任心强，保卫工作做得很出色。这个例子的本意是指，一个人所具有的能力如果低于实际工作所要求的水平，就难以胜任，影响工作。但一个人的能力水平高于实际工作的能力要求时，容易不安于现状，工作效果不佳。实际上，这里面有一个爱岗敬业的问题。笔者接触过几个老班长、老劳模，几十年如一日地工作在生产一线的班组，长期保证生产安全，他们的经验有很多，但爱岗敬业是最根本的一条。一个员工，心思在岗位，精力在岗位，就有了安全在岗位的基础条件。

执行法规，在于自觉。安全生产的法律、规定、制度是保证安全的准绳，员工既要学懂记牢，更要认真执行。但也总有一些员工认为执行法规是给领导看应付检查的，而不是保护自己、保证安全的。侥幸心理的存在，又使安规执行出现问题。只有时时处处坚决执行安规，做到不走样、不打折扣、不讲特殊，才能把安规当作"保护神""金钟罩"来自觉落实到位。

进入角色，在于习惯。称职的演员到了舞台或场地就变成了所扮演的人物，进入角色，此时就不再是平时的自己。这样的演员演什么像什么，演什么成什么。安全生产人员也需要这种"角色"意识，一到生产现场、一接受生产任务，就必须进入自己从事工作的"角色"，进入安全所需要的状态，把上班前的烦心事、麻烦事等都像换工作服一样换下，专心致志、聚精会神地干好本职工作。很多戏曲名家、歌唱名家为了保持舞台上的好嗓子，几十年如一日在饮食上"忌口"，一切对嗓子不利的饮食都忌食或少食。其做法值得借鉴。有很多生产人员面对多样化的社会活动总是"有所保留"，"八小时"以外不能影响"八小时"以内，一切服从安全生产。如果情绪不好、心神不宁，容易出现一不留神、一不小心的问题。退一步说，实在调整不过来，进入不了角色，不妨让替补"演员"上，也不能硬撑着而"演"砸了。如果稍微留意，就会发现很多老师傅一到生产岗位的一举一动、一言一行，都养成了良好的保证安全的习惯，很值得发扬和效仿。

认真操作，在于稳准。操作是集手艺、工艺、精力、心态为一体的行为，稳稳当当，准确无误地操作是安全生产人员必备的素质和能力。违反规定的误操作，差不多就行的粗操作，甚至胆大妄为的乱操作都是安全生产中的大忌。众所周知，很多事故都与操作不当有关，是人为造成的。对于个人来说，吃这碗饭、干这个活就得会操作、能操作；对于单位来说，对于马大哈、盲目性大的员工必须有把关、调控措施，让稳准操作出效率、出安全，盲目操作出纰漏、出麻烦的理念深入人心、深入人行。

预感预警，在于修炼。很多生产一线员工在具体生产工作中，由于及时发现苗头性、潜伏性的问题，而有效地预防事故，这比出问题后的"事后诸葛亮"不知要高明多少倍。但是话说容易，真正做到却非常难，这种能力来自专心、来自积累和修炼。首先，要有高度的责任感。用主人翁精神上好每天的班，精力、眼力、心力以至手力、脚力都要用在设备上、操作上。其次，要有正确的方法。善于从小问题中看到大问题、正常中看到反常、不可能中看到可能、放心中看到不放心、经常性中看到特殊性。多问几个为什么，多想几个有没有可能，反而比不会有事、盲目乐观心里更踏实。再就是预感预警不是一种没事找事的惶惶不可终日，而是长期工作实践的丰富积累。往往一些老师傅对以前本单位发生的、外单位出现的、个人经历的问题都历历在目，对负责的设备和工作的正常与不正常都清清楚楚，遇到一点事都能举一反三，由表及里、由此及彼地分析得透透彻彻。修炼了"火眼金睛"，再借助科学技术手段，就可以准确地预感预警事故的发生。

妥善处置，在于及时。一旦发现了事故隐患或苗头，反应要快，处置要及时。立足于抓"小"，在小问题、小苗头上动手解决，减少损失，坚决防止小事拖成大事，造成"小洞不补，大洞吃苦"。立足于抓"根"，在制止或防止事故发生的根本问题、根本原因上下功夫，不要被减轻、暂时缓解的表象所迷惑，从而彻底解决问题。立足于沉着冷静，遇事不慌，保持头脑清醒地分析排查。这时的忙乱，容易忙中出错，影响问题的正确判断。立足于及时报告，凡发现问题和异常，都要立即报告，不能满足于事不过夜，而要抢在第一时间向上级报告，取得上级的支持和正确决策，赢得预防事故的宝贵时间。那种"用不着大惊小怪，自己或小范围解决就行了"，"不要麻烦上级，扩大范围影响不好"等不正确的认识是非常有害的。

"我能安全"员工自己是关键，但所在单位的领导的关怀关爱、激励激发、氛围环境也很重要。解放战争时期，同样一个战士，在国民党军队里作战畏畏缩缩，甚至临阵逃脱，到了解放军队伍里，很快就作战英勇、立功受奖，判若两人。同样一支部队，起义整编后由默默无闻到在解放祖国和抗美援朝战争中功勋累累。可见，正确的政策制度、良好的管理和关怀激励的重要性。所以，高明的领导不是去抱怨员工的素质不高，而是认同"兵熊熊一个，将熊熊一窝"的带兵管人道理，更多地去从单位、从自身找原因，然后采取相应的措施，努力去改进和做大力提升素质的工作；高明的领导不是去抱怨员工不尽心尽力，而是认同《孙子兵法》中"上下同欲者胜"的哲理，大力调动员工的安全生产积极性，营造心往一处想、劲往一处使，同心协力做好安全生产工作的局面。

有的单位在管理员工中，发现员工的违规行为，仅以罚款这种方式处理，出现了员工和安全管理者经常"捉迷藏"的现象。而高明的领导更多的是查找管理方式、措施方面的不足，以关爱员工为出发点，设身处地地为员工着想，尽力多一些关爱，多一份体恤，多一些激励，多一份助力。

一般来说，中年员工最看重工作和生活的平衡，年轻员工最希望得到学习和成长的机会。领导者就应该把员工的个人利益与企业的整体利益挂起钩来，让每一位员工都为了自己的利益而努力奋斗、积极工作，同时也推动和保证了企业的经济效益和安全生产的双丰收。

哈佛大学教授詹姆斯在一篇研究报告中指出：实行计时工资的员工一般仅发挥其能力的 20% ~ 30%，而在受到充分激励时，可发挥至 80% ~ 90%。激励是一种点石成金的管理方法，它能直接影响员工的价值取向和工作观念，激发员工创造财富和献身事业的热情。

因此，领导者要坚持从本单位人员情况和生产任务情况出发，激励员工搞好安全生产的积极性，是一种重要的思想方法和工作方法。管理者要多付出，用真诚感动员工，坚信只有自己多流汗，员工才能不流泪，只有自己多付出心血，员工才能不流鲜血。坚持这么想、这么做，就可以唤醒员工对生命的关爱、对安全的关注。很多安全生产工作形势好的单位，都注重把安全生产工作和人文关怀结合起来，营造组织关心、管理者用心、员工知心的组织氛围和内在机制。在事关员工感受的"小事"里，蕴藏着对于安全生产的最大理解，使员工遇到困难能得到帮助，合理需求能得到满足，心理问题能得到疏导。

领导把员工当亲人，员工把自己当主人。只有各位有血有肉、鲜活精神的员工发挥自己的积极性、主动性，安全才会被创造、被确保。也正是因为有了带着感情抓安全这个基础和支撑，铁面、铁心、铁手腕才能引起员工的共鸣和理解支持。

三、严格班组建设的硬条件，做到基础强

　　某城市在建13层楼盘工地发生楼体倒覆事故，但所有看过新闻图片的网友无不惊诧，楼整体倒下，楼体却没有解体，可见此楼的建筑质量有多"牛"，而根基又是多么差。尽管某个部位多么过关多么坚硬如铁，但终究还是塌了。这让人感到有些悲哀，为什么人类科技水平、建筑水平在今天得到不断提高，可那些最基本的东西却失去了保证。

　　这起楼房倒覆事故虽然是偶然发生，但也存在着一定的必然性：根基不牢，质量再好的上层建筑也会倒掉！我们企业天天在强调安全生产，可以说关于安全管理的文件发得最多、安全规则最细，但这些最终还是靠人的执行，靠一线的生产班组员工来落实。怎样加强班组这个企业的基础工程建设，防止安全大厦倒覆，这是各级领导、各个企业都抓住不放的问题。但是这样也并不代表没有死角和薄弱环节了，不代表工作都到位了。一方面，经济效益的提高，安全生产指标的延伸，是生产一线的班组实现的；另一方面，不安全问题以至事故也大都是在生产一线的班组发生的，在新的形势下加强企业安全生产工作，仍然需要抓基层、打基础，把加强班组建设当作经常性的重点工作来抓。同时也要看到，班组工作的苦累脏险、昼夜运转、点多线长面广，而且人员的变化、环境任务的变化、设备设施的变化等特点，使领导和机关往往处于看不了、盯不住、跟不上，查不过来、帮不过来、严不过来的窘境，班组的建设在一些单位不但没有得到全面加强，甚至出现了"强弩之末"的现象。作者20年前曾写过一篇关于抓好企业"基础工程"建造的情况调查报告，现在看来，里面的情况分析和对策并没有过时，这说明抓班组建设的艰巨性、持久性和经常性。

　　班组是企业的细胞，是安全生产的基石，没有哪一项工作不是以班组管理为基础，并且通过现场来实施的。加强班组建设，突出的是要抓好四

个方面的工作。

1. 首抓"兵头将尾"

俗话说，"火车跑得快，全靠车头带"。有一种说法，说一头狮子领着一群羊，个个是狮子，而一群狮子被一只羊领着，个个都成了羊。这对带兵打仗来说绝对没错，对企业的生产班组来说也很有道理。班组的好与差关键在于班组长，有什么样的班组长就有什么样的班组。很多号称"兵头将尾"的班组长长期战斗在企业管理的第一线，往往是发现问题、解决问题的第一人，班组长管理素质的高低，将直接影响着班组工作质量与员工士气。全面提升班组长能力素质，首先要明确合格班组长标准。有的单位提出将政治思想优、管理能力强、工作作风硬、业务技术精的班组管理精英作为标准。有的单位提出了优秀班组长的四个条件：以班为家，具有主人翁精神；以身作则，具有"领头羊"作风；技术熟练，具有把关人资格；善于管理，具有领导者权威。标准明确了，班组长个人努力有方向，差距自然就产生了，提素也就有了标准。

强化培训提素。某单位采取集中培训与网络培训相结合的方式，以角色认知为核心，通过案例分析、情景教学、交流研讨、读书分享等形式，讲授班组长高效管理的技巧。培训过程中，坚持问题导向，要求班组长带来需要解决的问题、带来基层班组典型案例，带回解决问题的思路措施、别人的工作经验做法、个人的培训体会和创新成果。该公司还分门别类组建班组长工作案例库，供班组长学习借鉴。某公司实施"金种子"班组长跟踪培养工程，组织他们进行素质能力自评问卷调查，编制班组长《个人素质测评报告》，并面对面地访谈调研，有针对性地进行扬长避短的指导，又为他们量身配备了专业和职业双导师，实施全方位、全过程、全业务的跟踪培训，为使他们成为班组的领头羊为公司安全生产保驾护航。某公司对优秀班组长按照"强基、提升、超越"三个阶段进行进阶式培养。"强基班"培训在实行小班制教学、情景教学、交流研讨、学员论坛等方式的基础上，增加了互动式学习法，全面提升班组长的领导力、教练力、竞争力。之后，继续关注班组长的个人成长、工作业绩、专业技能和管理水平等情况，推荐优秀者参加"提升班"，直至"超越班"培训。某单位举办预备班组长培训班，使之成为打造高质量一线管理人员的"摇篮"。培训班针对以往培训只注重提升学员的专业维修技能，对于思想沟通、组织生产、团队精神等班组管理所需的综合能力的提升，仅停留在书本与课堂的"纸上谈兵"等"偏科"现象，明确"精培细训"的原则，按一线生产班组建制，编入就近的生产车间，由学员轮流充当管理者，并逐一评比打分，促使组员技术与管理等综合素质坚实地提高，为今后班组的优秀管理质量奠定基础。

2. 注重"量身定做"

量身定做本来是指因人而异量体裁衣，做合身的衣服，后来根据某个演员的特质设计和编写剧本，充分体现该演员的特色，也叫量身定做。这里要求对生产班组进行"量身定做"，是对班组对应和适应安全生产的需要，必须具备的能力和条件。"量身"，就要对班组担负的生产任务进行精准分析，找出安全生产中存在的主要问题、次要问题，明显问题、潜在问题，有利因素、不利因素，一般情况、特殊情况。"定做"，就要根据"量身"的尺寸标准提出班组建设的硬条件、硬制度、硬管理、硬素质。

"量身定做"班组安全工作，既要对不同班组进行不同的"量"和"定"，也要对同类班组的具体情况进行区分和补充，使班组知道自己的长处和短处、工作的重点和难点，着力进行固化优势和补充短板的工作。自古以来，军事斗争中讲"知己知彼，百战不殆"。保证安全生产，在与事故的斗争中，也需要知道班组工作范围内可能发生的事故及发生的原因，同时知道班组自身对抗和防止事故的能力如何、把握性如何，哪些地方、哪些时机、哪些人员可能出现"漏洞"，从而下大力做好"堵漏"的工作。

不知彼、不知己的战斗有几分胜算？是很难预料的，这样的仗是不能打的。但是知己知彼了，就要用心去补充短板；量体裁衣了，就要用心去"缝制"成合体的衣服。作出计划，落实时间、人员。有的单位采取四步助推的方法补充短板。第一步：选定内容，组织学习、培训和集体攻关。第二步：进行现场实际操作和预演。第三步：由老师傅、班组长讲解和点评。第四步：评委验收考评，不合格的人或地方继续重走这四步，直到合格为止。

某单位针对班组员工违章是造成事故的主要原因，对症下药，着力建设一套安全理念体系，使员工"不想违"；制定一套安全制度，使员工"不敢违"；设计一套安全操作规程，使员工"不会违"；编织一张安全检查网络，使员工"不易违"；打造一个安全和谐的氛围，使员工"不能违"。

某电网调度运行处值长交接班时，都要手拿一份电网调度安全分析进行工作交接。"安全分析"详细记录了8大项51小项电网运行的情况。调度值长接班后，组织本班人员按照"安全分析"模板逐条分析电网运行情况，梳理关键数据，分析薄弱点，明确关注重点，并明确分工；交接班前30分钟组织按分工自行检查工作完成情况，完成本班"安全分析"，并以此进行工作交接，同时挂载至调度中心内部网页以供查阅。每周对各值"安全分析"情况进行质量监督检查，纳入绩效考核，形成闭环管理。对此，值班人员称赞说，"就像在家里给孩子定的营养食谱，按条目把营养都补齐，工作才放心，对电网安全运行才有底气"。

3. 传承优良班风

班组成员即使都是优质的钢材、水泥和沙子，如果各自为政就会是一盘散沙，但凝聚在一起就会形成安全生产一线的坚强堡垒。优良的班组风气，有利于形成保证安全的整体合力。一个互助、互谅、互补、互学的班组，安全生产一定有保证，而一个各想各的、各干各的、各顾各的班组，安全生产迟早要出问题。

三个单位晒"家风"。某单位变电运维班的家风是："守规从令、严谨细致、果敢敏锐、服务大局"。一个个励志的故事，一句句积极向上的誓言，传播着正能量。某优秀班组积极构建班组"情感文化"，建立科学、规范的绩效考核办法，营造公平、公开、公正的氛围，加强班组成员之间、班组成员及家庭之间、协作班组之间的沟通交流，形成互帮互助、团结协作、和谐共处的氛围。与之类似，某单位通过"晒家风"活动，倡导"善以孝为本，孝以安为先"的理念，将传统的教化与企业的安全文化有机融合，以家风促班风。

"三种传统"带出优秀班组。某带电作业中心获得安全生产先进集体等多种荣誉，荣获多项重大奖项。这个十六个人的团队负责人传承了三种优良传统：一是班长身先士卒，带动成员个个抢着干活，不问劳苦。班长技能水平高，总是抢着干有危险的活；凭借丰富经验，确定安全操作步骤，强调关键之处的难点、危险点，并坚持现场布置和具体点拨，起到了很好的示范和带动作用。二是既要员工顾大局，又要善于对员工家事体贴入微。他认为，勇于承担家庭责任的人，才能将工作做好，小家顾不好，单位这个大家是顾不了的。既要学习"三过家门而不入"的感人事迹，还要在员工需要体现家庭责任感的时候为其创造条件，激发员工既爱家庭又爱集体的持久责任感。三是一个人的力量是有限的，要将下属的力量发挥到极致，力量就大了。"手下的人声势盖过你，你不郁闷吗?""那是我们这个单位的荣誉，我希望这样的人越多越好，我希望我的弟兄们都能超过我，为此我甘当人梯，创造比学赶帮的氛围。"这位负责人一向很民主，包括"一学、二练、三严、四掌握、四到位"规章制度的出炉，都是大家合作的结晶。即学专业理论；练技能、体能；严禁聚众赌博、酗酒闹事、出入不健康场所；掌握现场勘察要点，掌握危险点分析与控制能力，掌握工器具选配与使用、掌握常规作业项目操作要领；人员、思想、责任、干劲四个到位。

以培养人、提升人、成就人"三个层次"为目的的太阳系团队精神，把组员能力转化为团队力量。在一个班组团队中，也许你很有能力，但这不代表你就有成长的力量。团队管理高境界，在于不仅让班组里每个人都能施展才能，而且还能把每个人的能力转化为创建一流班组的力量，并用这个力量去创造自身最大价值。有的班组首先确定一个适合自己的目标，然后让每一名成员竭尽全力地为之共同努力奋斗；把扫清安全生产障碍的项目分给有能力的成员，给他们发挥自身能力的空间，使他们在享受成功喜悦的同时，感到这种成功是团队的支持，没有团队就没有个人的成功；要使所有员工对自己分管的工作负责，对自己的职业忠诚，相信团队可以为自身发展提供广阔平台，从而去释放自身最大能量，通过保证安全生产、创建一流班组来实现自己的职业目标和能力提升。

走出以人为本的"三个等于"误区，树立班组建设的优良风气。以人为本不等于以人情为本。以人情为本的表现是，以宽容代替处罚，以表扬取代批评，回避工作矛盾，对员工的缺点错误，碍于情面，只讲感情，不讲原则，不知不觉地把"尊重人"异化为"不得罪人"。以人为本，是尊重、理解、关怀、支持员工，把员工作为班组发展的第一资源，平等待人，公正处事，而不是失去公平公正的人情和脱离了群体的人本。以人为本不等于以个人为本。少数员工把以人为本曲解为"以个人为本""以我为本"，发展下去，必然会与班组的整体利益相抵触。我们要在以人为本管理中，将刚性的制度与柔性的情感结合起来，既对员工行为作出适当规范，又给员工个性一定的空间和自由，使制度获得尽可能多的支持和合作。以人为本不等于以小团体利益为本。不讲大局而一味地维护和强调班组的利益，把班组利益放在企业整体利益之上，这就搞颠倒了。正确的想法是，班组利益服从企业整体利益，追求的是班组利益和企业整体利益的一致性。只有走出以人为本的"三个等于"误区，遵守规则、安于事业，才能在企业形成勤于工作之风。

4. 善于创新管理

时代在发展、管理在发展、安全在发展，班组管理必须创新，创新才有活力，创新才有生命力、战斗力。

标准化管理。某省公司围绕夯实企业基石，唤起全员同力，大力推行班组标准化建设，印制了《班组标准化管理手册》。在公司各基层班组，遇到每一件事、每一个活动、每一台仪器、每一件物品，员工或许都会问：标准化了么？谁负责？有标准么？有目标么？符合法律法规要求么？有记录么？创新了么？标准化让工作更规范、更高效、更轻松，安全生产更有保证。

精益化管理。某公司认为，"九层之台，起于垒土"。班组是企业的细胞，激活细胞，打好基础，安全生产才能健康发展。为此，他们着力推行班组精细化管理。围绕改善班组现场管理、提升班组效率效益、解决班组实际问题、改善班组工作质量等日常工作，由点到面推进，激发每一个"细胞"向上的活力。有的班组内部积极进行积分制绩效考核，从工时进度、技术难度、劳动强度、班组贡献、安全风险等几个维度进行综合评估，调动大家提质增效、争先创优的积极性。某运维班的特色是推动"四大体系"落实其责任体系明确"谁来干"、标准体系明确"怎么干"、对标体系明确"干什么"、考评体系明确"干得怎么样"，并通过"表、说、做、考"四个字落实。"表"就是将"四大体系"的内容、分工、措施以图表形式画出来，放在班里最显著的位置，让大家随时能看。"说"就是每个人都能将"四大体系"的内容讲出来，做到张口能说、上台能讲、提笔能画。"做"就是对每一项工作实行"主人化"管理，明确责任，明确时间节点。"考"就是考核到位，对员工能力进行有效检验。他们形容说，我们的班组就是一个木桶，桶底是班组，它为班员提供了一个广阔的平台；班组的规章制度和管理标准如同桶箍，把成员凝聚起来；班组成员好比木板，紧紧地连接在一起，形成班组提升的最大合力。

可视化管理。某供电公司调度中心二次保护系统是电力系统中最复杂的技术环节之一，保护综自一班以看板管理、标识管理等手段，通过形象直观、色彩适应的视觉感知信息，建立起变电站作业现场安全管理、设备管理、环境管理、作业管理、生产看板管理五大类"可视化"模块，使原本复杂的安全风险管控变得"显而易见"。某单位针对违章现象屡屡发生的问题，推崇可视化管理，把所有与工作内容有关的物件和设备等，通过定位、定量和其他区分的方法予以明确，把规则写在现场，把风险提前告知。同时，通过安全措施可视化、设备管理可视化、环境管理可视化、安全工器具可视化、消防管理可视化等，将管理"形式化"推向"行事化"，塑造了员工严格遵章守纪的习惯。

多样化管理。某单位抓班组特色活动，鼓励各单位采取多种形式抓安全，发挥各自特色与管理手段。将安全管理提升活动渗透到班组，以标准化安全操作规程开展生产活动，建立自上而下的立体安全管理模式。某单位针对安全生产人员很苦、很累、很枯燥，且容不得半点疏忽，时间一长，容易使人心情压抑，产生厌烦情绪的问题，组织班组及时进行思想减压、心理减负，通过心贴心交流，帮助其以正确的思想态度和饱满的精神状态，积极投入安全生产各项工作中去。有人用"上面千条线，落地一根针"形象地概括了班组工作的困扰和压力，同时也由此产生着不安全因素冲击着安全生产。为此，一些单位实施了整合减负、提效减负、助力减负、帮扶减负、文化减负的方法，有的单位科技减负与人文关怀同频共振，减少数据、报表、台账，严控考试、评选、比赛，精简会议、文件、培训，建立领导干部、机关部门定点联系班组制度，深入班组调查分析，跟踪解决具体问题，助推班组减负。有的单位在强化班组管理中，以标杆班组为示范，大力开展先进班组与薄弱班组结对共建活动，实现班组建设齐头并进。

专业化管理。某省公司围绕激励员工弘扬工匠精神，强化专业管理，深化班组建设。在先进班组，明确一口清、一杆准、一步到位、一把刀、一系牢、一声辩、一锤定音等七种绝活，班组员工比着练、赛着干，专业技能水平明显提高，起到了示范作用。科学设计对标指标，加强对基层班组的指导，增加专业管理的穿透力。原先，省公司专业化管理的要求到基层班组出现了层层衰减的现象，现在有了对标这个抓手，省公司的重点工作，可以在设计对标指标时加进去，这样就能有效落实到班组。他们让"工匠精神"成为班组文化的灵魂，激励员工"干就干一流，争就争第一"；开展创新成果擂台赛，通过技术创新，解决安全生产中的技术难题；在重点工作上"赛马"，一赛就出彩，劳动竞赛让一批批能工巧匠崭露头角。

四、强化严控风险的硬约束，做到管理强

一些企业在单位显眼的位置上挂着巨大的横幅标语："一切事故都是可以避免的"。但私下与一些员工甚至是一些管理人员聊天时，他们又常常流露出：事故是不可避免的，只要能保证不出大事故，那就谢天谢地了。这说明，永树"事故可防"之念的工作还是很艰巨的。世界上没有不可预防的事故，只有管理行为不到位和对客观事物认识的不够。美国杜邦公司是以生产危险化学品——黑火药起家的，这个企业早在19世纪40年代就提出了"所有事故都可以防止"的理念，经过扎实细致的工作，安全生产100多年未出事故，创造了坐在火药桶上的长治久安的奇迹。杜邦公司的实践证明，只要善于预测可能遇到的问题和困难，工作到位，抓好落实，以防风起于青萍之末，祸患积于忽微，事故是完全可以预防的。

任何生产活动都存在风险，只要通过科学分析，风险是可以被认知的，只要控制措施得当，风险就不会升级到事故。很多长期保证安全的单位的经验告诉我们：安全管理工作要树立三个观点，即没有干不好的工

作，就看你努力不努力；没有预防不了的事故，就看你工作到位没到位；没有克服不了的不良习惯，就看你有没有敢于得罪人的魄力。同时只要做到三个坚持：坚持把苗头当作问题抓，小事当作大事抓，别人的问题当作自己的问题抓，事故是完全可以预防的。

1. 严控人为失误的风险

安全生产丁是丁卯是卯，容不得半点马虎，要环环相扣，步步到位。而人是安全生产的主体，人的不安全行为是事故发生的最大隐患。很多安全事故的发生，不是制度的缺失，而是人的过失。设备是靠人来操作的，工程是靠人施工的，人在安全生产中无疑起着至关重要的作用，防止人的操作失误是控制安全风险的首要问题。

"看脸色行事"是某单位带电作业中心班长们的一项基本功，每天一上班就是先例行这个公事。由于带电作业危险性很大，休息不好或者带着思想问题作业，极易发生失误导致事故，所以他们要求作业前班长必须察言观色，做到员工上班时看情绪，工作时看干劲，班前会上看状态，平时看表情，真正掌握和了解员工在想什么、说什么、干什么，从而根据员工思想动态、工作表现，选择不同的方式方法，减轻和消除员工的心理问题，化解消极情绪，将人的因素导致事故的问题遏制在萌芽状态。特别是上杆作业之前，操作人员面带倦容或是不苟言笑等情绪变化了，班长就会在一旁善意地说道："你今天身体不舒服，就在一旁做辅助工作吧。"工作之余，再抓紧时间与之聊聊天，解解心结。一般情况下都没什么大事，无非是家中小孩吵闹或应酬过晚影响了睡眠，还有的是与妻子吵架、生气了。但带着情绪和思想包袱，精力就容易分散，甚至走神，因此对从事操作行为的人员进行把关是必需的。

"能否充分休息，身体状态良好?"某煤矿综采队班长们坚持逐条对职工下井前的安全确认。不让职工带着隐患下井，是这个煤矿定下的一条规矩。他们为井下职工建立了静态与动态档案，时时掌握职工家庭、生活、工作及思想变化情况，并建立了菜单式班前安全排查制度，通过逐条安全确认，形成下井前的严格"关口"。制定了不同岗位、不同工种作业人员交接班确认菜单，双向签字后方可开始作业。同时围绕"全方位、全区域、全覆盖"，对干部走动管理进行细化、强化。精准安全确认制，有效避免了作业人员手脑不一、操作失误的问题，促进了安全生产的健康发展。

盛夏高温天的作业环境，不但极大消耗人的体力，而且降低了人的劳动效率和人对作业现场的警觉力。据资料显示，环境温度超过标准温度，工人劳动效率会明显降低，当气温超过33℃，事故发生率比低于33℃时高1~2倍。人为因素或缺乏效率导致的不安全行为，占事故总数88%。尤其是有五种"隐患人"在炎炎烈日下值得警惕。第一种是随意着装的随性人，受到高温闷热，就脱掉工作服，摘掉安全帽，怎么凉快怎么来，主动放弃了劳动保护，就为事故开了方便之门。第二种是投机取巧的懒惰人，干活怎么简单怎么干，作业程序被简化，侥幸心理埋下了事故的种子。第三种是身体欠佳的疲惫人，天热晚上睡不着就很晚或通宵打牌、上网，第二天上班打不起精神，精力难集中，工作分神，很容易发生不安全问题。第四种是急躁上火的牢骚人，抗热能力本来就弱，工作难度大、进展不顺、受到批评时，牢骚和火气大起来，人在急躁烦躁干工作时，发生事故的概率就会明显增加。第五种是单纯任务观点的效益人，不顾高温天气，照样抓指标、抢进度，甚至加班加点干，容易欲速则不达，甚至发生不安全的问题。高温天气确实为安全隐患火上浇油，安全第一的工作更要随之加强。一方面，通过教育和管理坚决不让五种"隐患人"现形，另一方面也要对高温导致多种不安全因素采取有效措施，认真落实防暑降温措施管理办法，因地制宜，切实保障和维护在高温作业下劳动者的合法权益，创造一个凉爽的工作环境和人文环境。

某矿综采队铁腕抓安全的重要举措就是"24小时双掌控"。在上班的

8 小时，每位职工从上班到离矿，必须严格按照程序进行：班前礼仪→安全承诺→集体入井→岗前安全警示教育→开工前安全确认→班中确认→班后安全确认→集体升井→班后学习与反思→下班，确保在工作中安全。在8 小时之外，他们针对农忙季节、子女入学、节日期间、结婚前后等 11 种牵扯精力的重要时段，分别制定了应对措施。还通过建档立库、全员摸排、预警预测，将职工的脾气、性格、爱好、家庭及个人情况、违章违纪情况等录入计算机，定期与职工家属沟通联系，及时掌握职工 8 小时以外的思想动态。他们及时按照《职工思想动态掌控排查表》，对职工班前、班中、班后情况进行思想排查，对节后返矿、每月出勤、个人和家庭生活动态等状况及时掌握，发现问题及时解决，使事故可防可控的观念入脑入心，把安全管理落实到每人、每岗，将事故发生概率降到最低限度，为保证安全夯实了基础。

2. 严控隐患治理的风险

隐患是一种潜在的危及安全的因素，"隐"字意为潜藏、隐蔽，而"患"字则意为祸患，不好的状况。说白了，隐患就是可能发生的事故问题。在日常的生产过程中，由于管理能力、制度执行、操作技能、心理状态、知识水平、生理作用等人的因素，设备老化、锈蚀、设施的拆除、位移与施工进度的不衔接等物的变化，污染、风蚀、暴晒以及气候、季节的变化等环境的影响，会产生多种多样的不安全因素。隐患具有静止和动态的特征，有生产活动就会出现隐患，有的是相对静止的，有的则是动态变化的；隐患具有偶然和反复的特征，有的是偶然出现的，有的则是反复的，老的隐患解决了新的隐患又出现了；隐患具有直观的和潜在的特征，多是潜在不易发现的，成为埋藏在身边的定时炸弹；隐患具有渐变和裂变的特征，隐患有着不同程度的危险性，有的隐患随着时间而发生变化，有的隐患则会在瞬间发生裂变。因此，正确认识和善于发现隐患非常重要。各大企业都建立了隐患排查治理机制，使得隐患监督管理工作更受重视、更扎实、更有效了。

用强化操作性保证隐患排查治理的有效性。我们在安全生产管理中天天查隐患，但隐患却天天有，除了隐患的复杂性、潜藏性之外，就是我们工作的深度不够，细节不够。因此必须从增强这项工作的针对性和操作性做起，既要体现隐患排查治理工作的完整性，突出隐患的排查——初判——上报——建档——治理——事故防范的闭环管理，落实各方责任，又要结合本行业本单位的实际，明确隐患分级分类标准和认定原则，更具有针对性和可操作性。电监会将电力系统隐患分为人身安全隐患、电力安全事故隐患、设备设施事故隐患、大坝安全隐患、安全管理隐患和其他事故隐患等六类。很多单位进一步细化了事故隐患排查、评估、治理、防控、督办考核等环节的过程管理和闭环可追溯的实施办法，用建立机制和完善工作体系进一步强化管控隐患的有效性。某单位建立起"1网2图1书2表1册"的隐患排查治理工作模式：1网，即隐患排查治理组织体系网；2图，即工作流程图、信息报送流程图；1书，即风险预警书；2表，即事故隐患排查治理档案表，事故隐患信息报送质量评价表；1册，即一本事故隐患排查治理工作手册。通过这一模式的建立，强力保证安全能控在控。

用强化根本性保证隐患治理的有效性。2012年安徽省高考作文题目《不用时请将梯子横放》，使用的素材讲述的是这样一件事：某公司的车间角落里竖放着一架工作时使用的梯子，为了防止梯子倒下伤人，工作人员特意在旁边贴了一个条幅"注意安全"来提醒大家。这事谁也没放在心上。有一次，一位客户来洽谈合作事宜，他在贴有条幅的梯子前驻足良久，最后建议将条幅改成"不用时请将梯子横放"。不久，人们多年的习惯做法得到了改变，不管谁用完梯子，都会自觉地把梯子横放在原处，竖放的梯子随时都有可能倒下砸伤人的隐患不复存在了。

一前一后两个条幅本质上的不同，杜绝安全隐患的作用便立竿见影。

前者反映管理者意识到万一梯子倒下可能会伤到人，于是采取了提醒提示的措施，但并没有提出防止发生意外的措施，隐患依然存在。而后者则提出了解决问题的办法，彻底排除了梯子倒下砸人的隐患。因此说，前者仅仅在治标，后者则是治本之策。

在一些企业生产班组，注意安全的提醒随处皆是，安全生产的规章制度、措施似乎都很完善，虽然该说的说了，该强调的强调了，该检查的也检查了，但仍然发生了事故，其中一个重要原因就是"梯子立起来摆放"这类事情还一直习惯性地存在着。这样的班组职工习惯于停留和满足于提醒的层面上，不会去想如何改变它，从根本上排除它。为了克服天天查隐患，但隐患却天天有的状况，查找隐患不能仅仅停留在发现表面的问题，而是要抓住问题不放深挖深究，找到从源头上消灭隐患的办法，走上消除隐患的根本之道。比如，尽管渔塘电杆上安装了"高压危险，禁止垂钓"的警示牌，因钓鱼而被渔塘上空的高压电力线路电伤的事件还是时常发生。是不是可以在提示危险的同时，通过把渔塘上的电力线路更换为绝缘导线，从根本上消除隐患，杜绝此类事件？

古希腊传说中，希腊国王阿伽门农为了攻克特洛伊城，便设计作战失败撤退时在城下留下一巨大的木马，当特洛伊人把木马当作战利品拖进城内，举杯欢庆胜利时，藏在木马中的士兵悄悄溜出，打开城门，放进埋伏在城外的军队，致使特洛伊城一夜之间化为废墟。电脑病毒木马的名字便由此而来，假如把安全生产比作一台运行良好的电脑，那么安全生产隐患就是潜伏在电脑的木马病毒，时机一成熟就悄然启动，篡改系统程序，损坏硬盘数据，最终导致电脑死机。消除隐患，可以借鉴电脑防止木马病毒的有效方法，即构建安全思想上的"防火墙"，为安全提供强有力的思想保障；用设备更新，员工提素，进行安全系统升级；进行安全程序杀毒，做到有疑必探，有患必除；通过找准隐患缘由，开出配套药方，定期组织复查，勤补安全漏洞，有效地进行绝杀，不让一个隐患从我们手下逃脱。

用强化严肃性保证隐患排查治理的有效性。很多人觉得发生安全事故，设备隐患和不安全因素是必然条件，但从事故隐患演变成安全事故，却不是必然的。不出问题便不是问题，抱着这样的侥幸心理，疏于清查隐患，最终导致事故的发生。由于很多隐患是"隐"着的，还没有造成后果，企业往往对其处理不力，造成隐患长期存在。有的单位在实施严厉的事故问责制的同时，对安全隐患也进行问责。从实践看，隐患不除，安全事故难免，对安全隐患问责了，隐患消除了，大大减少了事故后的问责，敲响了"小警钟"避免了"大麻烦"。某矿业公司把重大安全隐患当作事故管理是动真格之举。按照惯例，一般对存在的重大隐患，采取整改、警告、数额不大的罚款，不再采取"雷霆之举"。但挠痒痒式的处理，止痒不觉痛，可能导致我行我素，一些隐患演变成事故。为此，他们吸取教训，这次涉事企业虽然没有发生重特大事故，但处罚视同重特大事故，使其感到罚款罚得肉疼，问责问得心痛，用高举的重处利剑，一扫侥幸心理和蒙混心态，大大降低安全事故风险。把重大安全隐患当作事故管理，坚持下去一定能够收到良好的效果。高度分散的电网在运行中受气温、气候等自然环境因素和人为因素的影响，容易出现安全隐患，如不能及时发现、消除，就会酿成事故，威胁电网安全。由于电网设备的安全隐患在时间上和空间上具有很大的不可预测性，因此必须依靠专业人员和广大员工的共同努力。某供电公司，通报表扬了及时发现重大安全隐患的员工，并给予重奖，激励员工把发现安全隐患作为自己的分内之事，充分发挥主观能动性，鼓励员工提高识别和发现隐患的能力，练就火眼金睛，使安全隐患在自己面前不错过、不溜过，为排除安全隐患争取宝贵的时间。一些单位将事故隐患消除常态化，把隐患消灭在萌芽状态，发现一个隐患、消除一类隐患。

3. 严控信号衰减的风险

从电网企业来看，安全生产过程是一个复杂系统，涉及诸多的安全相关方，包含多种因素。比如一次抢修任务，从电的因素来看，有各种电源、各种用电户，雷电等；从相关人员的因素来看，有电力员工、用电者、周围群众等；从物的因素来看，有抢修车、电力设备、操作工具、安全工器具等；从行为因素来看，有停送电、更换刀闸、监护、防护、上下杆，以及自备电源客户的自发电行为等；从环境因素来看，有树木、天气及现场的其他环境状况等；从人的生理、心理因素来看，有积极抢修的责任感、急于修复的急躁心理、长时间劳累的疲惫感和迟钝感，甚至还有在此之前的人际关系、社会关系、家庭关系等问题带来的焦虑感、烦躁感等等。由于涉及环节多、单位多、人员多、因素多，在实施过程中就越来越容易出现这样那样、或多或少的不安全因素或问题，就成为一种永恒的衰减作用。

春检是电网企业一年之初安全工作的开门大戏。由于有的员工存在"春检年年搞，都是老一套""设备管理加强了，出现问题概率小"的潜意识，不能保持清醒头脑，反映在工作中就是偷工减料，降低标准，甚至蜻蜓点水，浮皮潦草，使重要的春检变成了"春减"，偏离了春检找出设备的缺陷、隐患，维护设备的安全运行，同时锻炼和提高员工队伍工作能力的初衷，为安全事故埋下了隐患。

从安全管控工作来讲，对衰减现象无动于衷，是失职失责现象，应该正视问题，研究问题，解决问题，积极采取应对衰减现象的有效措施，牢牢掌握安全生产的主动权。

加强全面监控。着重搞好现场全程监控、员工互相监控和外单位人员作业监控，做到安全监控不留死角，不讲情面、不搞特殊，同时建立和健全如影随形的监控制度，根据人的趋利避害特性，坚持违章必究，违章必罚，违章必曝光，创造时刻"不安"的氛围，换得"长安"的局面。

不断创新激发。为了应对安全信号的衰减，必须经常用一些行之有效的能够进入员工内心深处的好办法，激发员工安全生产的积极性和旺盛的工作精神。组织员工在安全会上讲述自己的事故苗头，引起大家的警惕性，引以为戒，围绕工作中的安全问题和苗头，进行分析、反思，提出改进的建议。可以设立"我为安全献一计"专栏，并进行讲评和奖励，激励员工关注自己的安全行为和身边的安全情况，提升其观察能力、思维能力、分析能力和改正能力。开展安全结对子、安全互助活动，形成荣辱与共、团结互助的齐心共保平安的工作氛围。

实施疲劳管理。根据"劳动强度曲线"和众多事故发生的原因，不难看出事故发生的严重程度和频繁程度往往与持续的紧张程度、工作安排的混乱程度和人力物力的紧张程度成正比。为此，需要建立疲劳状况评价体系，围绕引起员工劳动疲劳的生理、心理、环境等各种因素和外在、内在的各种表现，对员工疲劳状况进行评估、检测和管理。查找引起员工疲劳的原因，改善优化生产工艺，减少无力浪费，降低劳动强度。同时，通过延长休息、疏导减压，舒缓员工压力，缓解心理和身体疲劳，消除安全隐患。有的单位开展了"时态警示工作法"，现场工作负责人根据现场劳动强度大小，作业周期长短，工作环境变化，现场人员出现危险行为等情况，及时纠正危险动作，必要时暂停作业休息一会儿，同时对危险点和控制措施再次进行明确和交底。"时态警示工作法"对员工行为及时提醒，对现场危险点做到了随时确认，消除了人员长时间作业造成的麻痹和松懈情绪，缓解了身体和精神疲惫。

细化过程管理。形成过程管理精细化，作业流程清晰化，工作记录闭环化的管控模式。比如线路巡视，可按日常巡视、特殊天气巡视、故障巡视、夜间巡视、停电巡视，分别制作显示巡视内容的巡视卡，将巡线情况逐项登记，巡视人与负责人共同登记。如果发现缺陷，则转入消缺流程，形成闭环管理。有的单位建立班前、班中、班后的刚性制度与人性关怀相结合的管理制度，即班前查、讲、考、唱、誓等仪式，使安全理念入脑入心，班中检查、交接、确认、传帮、巡查、验收等步骤严细管控，班后总结、巩固，开展人性关怀，提高了员工安全生产的积极性。

4. 严控事故链条的风险

有这么一个故事，说的是一个烟头引发的事故：公交车上，一名男子靠着车窗抽烟，挥手将烟头扔出窗外。两秒钟后，一辆疾驰而来的出租车突然转向，一头扎进路边的绿化带。半个月后，一家工厂发生了火灾，工厂资产化为乌有。一个月后，当初扔烟头的男子失业了，失业的原因是他所在的工厂破产了。工厂破产的原因，是半个月前的那场大火把工厂烧了个精光。工厂失火是因为一个月前请来的对工厂消防设施进行改造的工程师出了车祸。工程师出车祸的原因是，他乘坐的出租车突然开进了绿化带。出租车冲进绿化带的原因是一个燃着的烟头突然落入了司机的衣领。

这就好像多米诺骨牌一样出现连锁性的倒塌。世界上的事都有一个前因后果，事故的原因在于与事故相关的各个环节，就是说，事故是一系列事件发生的后果。"事故链"原理让人们看到了一个锁链，由初始原因——间接原因——直接原因——事故——伤害，形成一个链条，又像一张张多米诺骨牌，一旦第一张倒下，就会导致第二、第三张甚至多张多米诺骨牌倒下，最终导致事故发生。按照"事故链"原理的解释，事故是因为某些环节在连续的事件内出现缺陷，这些不止一个的缺陷构成了整个安全体系的失效，酿成大祸。因此，安全管理是一条链，哪一处薄弱都会留下难以挽回的遗憾，必须炼成一块铁板，才能形成铜墙铁壁。或者说，经过我们的工作，从多米诺事故中抽调一至两张牌，彻底清除事故的发生。

某单位建立了《历年违章作业分析图表》，通过分析得出，一项违章作业，就涉及生产、管理、思想状态等12项诱因。为此，他们着手对各项工作中涉及的风险点进行"全面体检"，分门别类将风险点分解细化到类、项、点，摸清工作中的风险点和标准要求，初步构建覆盖各层级、各领域、各专业的安全风险数据库，整合风险管控资源，补强短板，掌握安全管控的主动权。

某单位强调，越是任务紧张，越要强调安全；越是事件紧迫，越要狠抓安全。对待安全，必须常怀敬畏之心。他们建立了操作风险分析卡制度，明确操作重点与安全注意事项。比如，这项运行工作存在的危险点有：走错间隔，这是最容易犯的错误；误碰运行设备，注意做好隔离；谨慎操作，做好监护，注意停电验电，防止触电；工作结束要做到完工料净场地清，等等。这样一来，操作就不会发生差错了。

某煤矿机车司机开车过风门时，因违章将头伸出窗外，被风门框挤压而死亡。对这起因违章引起的事故，他们不是简单地将责任归于员工自己违章，进而找出环境安全的不可靠更是引发事故的重要因素的问题，要杜绝此类事故，必须从源头上斩断事故链条。于是，该矿对所有的机车门窗进行安全改造，车窗户焊上间距10厘米的铁条，不但不能伸头，连伸手都难了；驾驶室装上向里开的折叠门，不关门则无法开车；下车将车停稳后，起身让出位置才能开门。这样一来，司机想违章都没机会了。同时，矿通风队在分析事故时发现风门与机车间的安全距离也有问题，于是对全矿所有达不到要求的通行机车的风门墙拆了重建，现在火车的机车过风门，即使司机伸出头也不会有问题。

为了实现本质安全，该矿还改进巷道设计，加大了断面，使工作环境更宽敞；机电设备的选型突出智能化，操作更简便，为安全生产提供良好的保障。针对原来的开关在启动时触头产生火花，如果瓦斯超限时开关就会爆炸的问题，现在都更换为真空开关，避免了这种风险的出现。他们感到本质安全是斩断事故链条的利刃，我们就是要追求本质安全，让环境更安全可靠，让员工不违章或者根本没违章的机会。

其实，在很多情况下，只要有一个人留心，有一个人提醒，安全事故就可以完全避免。如果你在你分管的范围和分管的工作中能够及时发现并且力斩事故链条，这是多么有意义的事啊！

5. 严控管理习惯的风险

通常安全管理工作中存在着"该想到的想到了，该说到的说到了，该传达的传达到了，该抓落实的也抓落实了，就可以经得起检查了""尽力就是尽责"等自我安慰的心理，表面上看是这么回事，但进一步思索就会发现这种思维和管理的习惯仍然停留在表面上。以电网企业为例，我们的员工到现场开展的每一项作业都存在安全风险，如巡线人员，他们在踏出公司的那一刻，触电、被毒蛇攻击、毒虫叮咬的风险就已经存在。抢修人员、变电运行维护人员也时刻承担着风险，只要开展作业，触电的风险就时刻存在。很多长期保证安全的领导和管理人员把如履薄冰、如临深渊作为抓安全的指导思想，把敬畏安全、不出事故作为工作的目标，这是很有道理的。

运用"问题管理"的方法管安全。"问题管理"作为一种管理模式，是在挖掘问题的基础上，透彻地分析问题，正确地解决问题，以此来防范问题演化为危机的一套管理理论和方法。某公司的"问题管理"围绕现场安全管理中的细节，追溯安全管理全过程，进而举一反三设计或完善相应的管理制度或机制。他们围绕安全管理就要暴露问题的中心思想，组织多种形式的挖掘问题：基层单位自己查，日常工作现场查，明察暗访突击查，专项工作重点查，互帮互助交叉查，然后针对问题分类进行处理、整改、督办，强化现场管理，用"问题管理"理念保证安全生产。对于安全工作的领导者来说，要始终装着问题，做到及时准确地发现问题，全面正确地认识问题，深入科学地分析问题，积极稳妥地解决问题。

防止"胜利麻痹症"保安全。第二次世界大战结束后，英国皇家空军经过总结发现，整个"二战"期间，他们的许多飞机不是毁于敌人的炮火，而是毁于飞行员自己的操作失误。更令人震惊的是，有的飞机竟然是在返航途中或者即将着陆的那几分钟发生悲剧。心理学家认为：人的神经高度紧张后，最容易产生"几乎不可抑制的放松倾向"。这就是"胜利麻痹症"。这种症状在电力企业中也常有发生。有的错把安全运行天数当作胜利成果来炫耀，有的作业班组在阶段性工作完成时就出现注意力不集中，不自觉地出现违章。某班组现场作业全部完成，工作负责人没有清点所有工作人员是否离开工作现场，就报告可以送电，结果造成部分工作人员触电。为此，我们要获得安全工作的彻底胜利，就必须持续抑制亢奋情绪，坚决防止在即将胜利之际，一时的疏漏造成弥天大错。在日常工作多，胜利也多的情况下，保持头脑清醒，防止松懈情绪，坚决做到一切操作自始至终遵守安全规范，让"胜利麻痹症"无隙可乘。同时在某项工作接近完成时，打打"预防针"，警示不要发生"胜利麻痹症"，确保安全生产善始善终。

长期的平安同样潜伏着风险。长时间的安全无事往往会导致思想上的麻痹，员工大脑中原来紧绷的安全之弦就会慢慢放松，安全意识随之下降，逐渐产生盲目乐观、自我感觉良好的心态，从而放松警惕，认为安全工作不过如此而已，引起管理上的松懈，作风上的松散，等"无事"达到一定量的积累就会转化为"有事"。安全工作不同于其他工作，只有起点，没有终点，不存在真正意义上的成功。这个道理，相信很多人都明白。不要明白归明白，遇事犯糊涂，无论安全工作取得怎样的成绩，都必须时时、事事、处处保持不骄不躁的作风，越是平安无事时，越要树立安全生产永远在路上，每一天都从零开始的思想，风险预警时时有，根治违章出重拳，做到零违章、零缺陷、零事故。

善于从事故的教训中筑牢安全大堤。一位对美军院校颇有研究的国防大学教授说，美军十分注意研究失败，有败战研究中心、教训总结中心，收集败战案例，专讲"走麦城"，从中找出原因、总结教训，指导今后引以为戒。一般来说，总结失败的教训，防止重蹈覆辙，大家都会这么做，但专门的部门和人员进行专业的研究，深入、系统、发展的研究，可以从战略、战术，军事训练，装备技术，部队管理等多方面提出改进的思路和方案、方法，这无疑是一个高明之举。我们也有人在市场上到处都是成功学的时候，提出要学点失败学，引导我们不忘"失败是成功之母"的名言，善于从失败中吸取力量，少走弯路，夺取新的、更大的成功。在安全生产活动中，很多单位乐于肯定成绩，总结经验，缺少分析研究事故的勇气，就事论事，简单整改和注意的多，深入系统全面研究事故的少。

实际上，安全生产活动中回避不了安全与事故这两个问题，在一定条件下，安全可以转化为事故、事故也可以转化为安全，关键在认识、在工作、在创造适应的条件。有一本书叫《名医手记》，书中收录了一些著名的医学专家的自述，一些名医不仅讲述了自己成功的辉煌，而且毫不讳言自己败走麦城的问题。其中有的名医已成为医学界的泰斗，但他们仍不忘失败的教训，以更加精湛的医术回报患者。医生如果有这样的境界，实乃医学之幸，患者之幸。同样，我们企业中从事安全生产活动的管理者和工作者，尤其是安全管理的专业部门，也必须要有"真思亡危方能存安"的境界，拿出时间和精力来，把本系统、本单位的事故找出来，好好地分析总结，找出规律性的东西。比如，为了防止这些事故的再次发生对环境、设备、技术、人员、管理、制度提出了什么要求？安全生产一线的人力、物力、财力、能力能否适应安全发展的新要求？根据这些事故的启示，当前和今后一个时期可能在哪些方面、哪些部位、哪些人员身上出现不安全问题？我们确实做不到事故早知道，但事故早提示，早预测、早防范还是可以做到的。善于从事故的教训中筑牢安全大堤，是保证安全生产的明智之举。

五、健全科技创新的硬机制，做到保障强

科技是第一生产力，推动了生产的巨大发展。但是如果说科技是安全生产的保障力，有可能不受重视。由于安全与生产是融为一体、相辅相成的，决定了科技既要强力推动生产发展，又要强力保障安全发展。可以说，本质安全离不开科技的支撑和保障，怎样对科技保障安全工作更加重

视、更安全有效地发展生产，这就需要从机制上进一步建立和健全，使企业按一定的规律、秩序，自发地、能动地诱导和决定"科技保安"的行为。

1. 健全科技保障安全的研发机制

20 世纪 70 年代以来，科学技术飞速发展，随着生产的高度机械化、电气化和自动化，尤其是高技术、新技术应用中潜在的危险，常常突然引发事故，使人类生命和财产遭到巨大损失。这就要求我们以先进的技术和科学的方式管理生产的同时必须管理安全，以科学的技术和先进的装备设施保证安全，要知道科学技术是安全生产的要素之一，是安全生产的支撑和保障。

也就是说，在新的形势下提高安全生产能力，也必须为安全付出成本，从而保障安全科学技术的运用，有效地保障安全。为此，国家安全生产监督管理总局提出，安全生产科技创新是遏制重特大事故的重要支撑，要求推进企业技术装备升级改造，加大科技支撑力度，建设安全技术防控工程。要加强同类多发和典型重特大安全生产事故的技术分析，攻克安全生产急需破解的技术难题；进行重特大事故防治关键技术装备的研究，共性技术的攻关，推广防范和遏制重大事故先进技术装备，高风险企业开展安全技术改造和工艺设备更新。加强对重大危险源进行有效监控、对其辨识、监控与预警、定位和信息获取技术的开发。

这些预防事故技术的研发，需要付出一定的人力、物力、财力。如果目光短浅、只顾眼前，也许会推一推、拖一拖，等以后再说，等别人来干。一旦发生了问题，当事后诸葛亮是不可取的。事先投入的科技防事故的花费与一场事故造成的人、财、物上的损失相比，算不了什么。所以，对预防重特大事故的科技投入和研发工作应尽早列入议事日程，在有人干、有经费和场所保证、有成果推动上形成常态，是应该坚持做到的。

有的单位认为安全防事故的研发投入好是好，就是拿不出经费来。有一篇报纸的短评题目叫作："越困难越要保证安全投入"，文章登高望远，分析得透彻到位。说到底，安全投入的回报明显，物超所值，收益远大于投入。即使在有困难的情况下，保证安全必要的投入，确保安全生产，也是最明智、最实际的选择。事实上，有不少安全隐患，并不需要太多的资金就可以消除。

为此，应建立安全研发和投入的长效机制，不断提高安全效能，为谋求长远发展奠定坚实的基础。

2. 健全科技保障安全的创新机制

创新很流行，也很需要。这里说的科技保障安全的创新，是指从技术层面的群众性保障安全的各种创新。安全生产活动是千千万万人从事的事业，除了加强思想教育和改进管理之外，调动大家从技术改进上保证安全的积极性，也非常重要，问题在于我们怎样激发这些积极性、怎样保护这些积极性，就需要建立起新的机制。某市一个较大的商场门前有条道是双车道，由于来去的车辆经常有越界的，交通堵塞、磕碰等不安全的问题经常发生。后来有关部门在中间加了一道隔离栅栏，来往车辆各行其道，秩序立马好了，安全上也好了。后来，在两条道同时并入十字路口处，也用隔离法换来了秩序好、安全好的新局面。这些机制看似简单，却解决了教育和管理办不好的问题。

移动互联、大数据、云计算等新兴互联网技术已越来越多地走进我们的工作和生活。基于"互联网+"路径的种种创新，一些单位积极融入安全生产管理中。实践中，有令人豁然开朗的探索，也有不少迷茫与彷徨。这种用"信息技术"的创新，并不是一道加法题那么简单，其本质上，是通过流程变革来实现内容为主，更加彰显安全管理的组织优势。"+"是一个符号，表达的是一种数学过程，也包含深刻的逻辑性。这种因时制宜、因地制宜，用新技术承载新理念、新内容的做法很有启示。某单位采取多种措施，多管齐下，全方位与不安全行为作斗争，实现了安全管理360度无死角。其中就有充分利用互联网思维创新安全管理方式，将互联网和安全生产联系起来，设计投运安全管理 App，形成"互联网+"你作业我管控的机制，让全体员工积极融入安全监管机制中来，变被动安全为主动安全。某单位创新"互联网+安全"监管体系，两年多来，实现对 4093 个施工现场 100% 的稽查率，及时发现、处理问题 557 个，有效地提升了反违章的效果。某公司运用"互联网+"杜绝习惯性违章，把反事故、反违章作为检查常态机制。他们通过"互联网+"将每个人的安全职责从隐性约定变成了显性条目，该干什么、怎么干，一目了然，在集体视线下，多了约束和自律，少了推诿和散漫，起到了有效的保障作用。

很多企业围绕"科技保安"，建立和健全了一些创新的机制。

成立以劳模或技术尖子为代表的创新工作室，发挥特长优势，有重点地攻克一些安全工作中的难点，强有力地推动了安全生产。

借鉴、移植式创新。从别的单位、别的行业先进的成功的经验中受到启发，借鉴、移植到本企业安全生产中来。某单位针对施工人员流动过快、过密，影响人身安全的问题，借鉴超市通过扫描二维码可以快速、准确结账的做法，建立了施工人员身份二维码管理制度，既便于识别核查人员信息，又有效控制施工人员的随意流动、超资质能力施工等现象，实现人员安全管理的实时管控。

发动职工群众进行群众性的小革新、小创意、小设想和 QC 研究活动。大家关注了、参与了，聪明才智显现出来了，一些身边的安全难题同时也被解决了。"红地毯"便是监管人员的小创新。它能及时提醒作业人员勿走错间隔。"红地毯"长 1 米宽 1 米，用红底白字区分间隔，贴在设备区场地，相比传统围栏隔离更加醒目。现场作业人员说，看久了传统围栏会产生视觉麻木，而这种新颖的提示性标识简单有效，检修作业时在相邻间隔之间走动会更加放心，也保证了机械车辆不发生误入非工作间隔的情况。到某地旅游，发现这里的电线杆子都是方形的，而不是圆柱形的。原来，这里的蛇多，以前经常发生蛇爬上电线杆子导致电力线路短路的事故。员工们经过分析和试验，发现蛇可以从圆柱上缠绕攀爬，但却难以从方形柱上攀爬。于是电杆截面改为方形后，因为蛇爬上去导致安全事故的问题再也没出现过。

举办安全创意创新大赛，充分依靠科技手段提升安全水平。定期举办这种创新比赛，可以有效激发一线员工的创新热情，为员工提供一个集中展示的平台，同时也促进了各单位新方法、新技术的学习交流，强化了创新人才培养和梯队建设，提升了整体创新能力。

3. 健全科技保障安全的推广机制

以技术手段提高本质安全，还需要在技术推广和转化上下功夫。我们必须清醒地认识到，安全科学技术是安全监管的主要途径，如果沿用老方法，科技含量低，实际效果差。只有把科技引入安全监控中来，才能更好地发挥监控作用，才能有效地查找隐患，预防事故，达到事半功倍的效果。先进的安全装置、防护措施、预测报警技术都是保护生产力、解放生产力、发展生产力的重要途径。用安全科学技术来完善应急措施，可以大幅度提高应急能力，增强应急工作的快速反应能力和正确有效的处置能力。现代科学技术为开展事故处理提供技术手段，可以更客观、更准确地进行事故处理。由于科技转化为安全生产力涉及方方面面，除了思想观念外，还有人力、财力、物力、环境等方面的具体问题，新技术的推广是一个长期的，甚至是艰难的过程，重研发与轻推广的现象依然存在。但是如果研发、创新的成果不下决心、下大力进行推广，再好的技术都会失去意义。所以，我们务必坚持把安全科学技术作为实现本质安全的重要保障来对待，将研发创新与转化推广作为一篇文章的上下篇，一项重要工作的前后两个阶段，将这两者当作统一的有机整体来抓，为保障安全做些求实、扎实、务实、踏实的工作。

2016 年 9 月 3 日，一位员工从工具库领取了一副绝缘杆，在出库时，他通过手机 App "安全工器具管理系统"软件扫描了绝缘杆的条形码，显示"有效期至 2017 年 1 月 5 日"，这意味着绝缘杆可以安全使用。这是某省电力公司实现了科技成果转化与实际应用的一个片段。科技成果的推广，又进一步激发了员工创新热情，提高了安全科技含量，强化了电网本质安全。

"你已超越了安全警戒线，生命高于一切，请不要违章作业！"随着一声严厉的语音警告，警灯闪烁，警报声响起，检修人员刚想跨越"太阳能闪光语言报警安全围栏"马上停住了。之前，安全围栏只是起到简单的提示作用，很多时候围栏形同虚设，跨越围栏违章作业的问题常有发生。有的单位甚至发生擅移围栏作业而触电伤亡的事件。某县电力公司一位员工下决心改变这种状况，他研制出既有"眼睛"盯，又有"嘴巴"说，能引起作业人员高度警觉的安全围栏。会说话的"围栏"立即被该企业广泛推广运用，"围"住了危险，"拦"住了违章，防止类似事件的发生。

随着社会科学技术的进步，"智能制造"的推进，智能化管控安全在一些单位正在当作一项安全工作积极推进。有的发电厂通过二维码、门禁、App 等物防、技防管理手段，与企业消防系统、视频监控及安全生产管理信息系统（"两票"系统）进行应用集成、建设发电企业现场智能化安防系统软硬件一体化管控平台，明显提升了安全生产的管控水平。同时，还通过智能化技术，编制企业安全环境网络。通过区域化门禁授权管控、危险源蓝屏广播，智能提醒等功能，使人员防护智能化。

铁路道口是铁路与公路的交会点，极易引发重大交通事故。为了防止道口看护人员在简单枯燥的工作中，因松懈麻痹引发事故，某铁路公安处研制和推广了道口防瞌睡仪。该仪器可以自行设定报警时间间隔，对道口值班员进行监控，为铁路安全提供了一个技术保障。

在电力工程安全质量监察过程中，高处、特殊环境及地形危险地段常常难以进行有效的监督，一些单位使用无人机航拍技术，快速准确代替人力，对工程进行精细化巡查和全角度拍照，从而大大节约了监理人员的工作时间，有效提高了野外监理作业的工作效率，规避了监理人员高处作业的安全风险，实现了多角度、全方位的监督检查，对电力基建工程安全平稳推进起到了积极的保障作用。

某省电力公司积极利用直升机巡视 500 千伏线路。一架直升机每天可飞行两个架次，可巡视约 100 千米的线路及杆塔；人工巡视在条件良好的平原地区每人每天只能巡视约 10 千米线路及杆塔；而直升机可以轻松地在人工巡检难以开展的地方巡线，并不受塔高、地形等因素的制约。他们已引入全新的直升机巡线模式，年计划巡线 8648 千米，覆盖了全省 500 千伏线路。以其中巡视的 4393 千米为例，就发现缺陷 1275 处，其中严重缺陷 72 处，为保证电力"大动脉"的安全贡献了科技的力量。

一项新技术的运用和推广，与所在单位的识别、鉴别眼光，落地、落实的工作，保驾、保证的措施都是分不开的。有人说，安全科技的推广运用也是一种重要改革，冲击着人们的思想观念，推动着机制以至管理的变革，带来了安全生产的科技保障，从实践来看，这话不无道理。

4. 健全科技保障安全的制约机制

虽然已经明确了科技保障安全的重要性、经常性、操作性，要想把这项工作列入本质安全的一项重要工作，还必须建立健全一套监督制约机制，对管理系统行为进行限定与修正，才能保证这项工作的正常推进和健康发展。

列入工作计划。立足长远，把科技保障安全列入企业三年或五年发展规划，并通过年度工作计划来分阶段、分步实施。有了规划和计划，用科技保障安全就有了"常住户口"。

列入责任分工。在日常工作忙、事情多的情况下，领导和机关部门常常忙得不可开交，尤其是与企业安全生产相关的领导和机关部门更是这样。为此，科技保障安全的工作作为一项重要工作，必须明确领导和机关部门的分工，做到有牵头、有协助，有分工、有合作，促进工作的落实。

列入经费开支。科技保障安全，无论是研发、创新，还是推广、运用，都需要相应的费用。所以，对科技保障安全工作需要的经费，只要是使用得当，程序完备，其产出（推广、运用后的实际效能）远远大于投入（研发、创新需要的费用），"得"大于"失"，就要坚决保证经费的使用。

列入总结汇报。在安全生产工作的专项总结和回报中，应增加科技保障安全的专题内容，对这项工作进行认真的总结分析，明确下一步的工作思路和方向。

列入检查考评。在检查安全生产的同时要检查科技保障安全方面的情况。应该把这项工作作为考评安全生产工作的一项内容，肯定成绩，找出问题，提出要求，并表彰奖励先进人员，调动大家科技保安的积极性，使这项工作步入正常的发展轨道，为保证安全生产发挥应有的作用。

图书在版编目（CIP）数据

安全理念与安全发展 / 仝茂义著. —北京：中国工人出版社，2020.7
ISBN 978-7-5008-7449-2

Ⅰ.①安…　Ⅱ.①仝…　Ⅲ.①安全生产－生产管理　Ⅳ.①X92

中国版本图书馆CIP数据核字（2020）第111824号

安全理念与安全发展

出 版 人	王娇萍	
责任编辑	时秀晶　冀　卓	
责任印制	栾征宇	
出版发行	中国工人出版社	
地　　址	北京市东城区鼓楼外大街45号　邮编：100120	
网　　址	http://www.wp-china.com	
电　　话	（010）62005043（总编室）	
	（010）62005039（印制管理中心）	
	（010）82075935（职工教育分社）	
发行热线	（010）62005996　82029051	
经　　销	各地书店	
印　　刷	三河市万龙印装有限公司	
开　　本	710毫米×1000毫米　1/16	
印　　张	11.5	
字　　数	150千字	
版　　次	2020年9月第1版　2023年7月第2次印刷	
定　　价	39.00元	